U0119422

成功的密技 + 38道拿手菜

魯舌翻身，
無油煙神料理

著作‧攝影／證馨

西方人相信來一把鹽灑過肩頭，
就會被幸運之神眷顧，
而這一把鹽就藏在本書裡……

自序

　　大家一定聽過台灣視障歌手蕭煌奇唱的一首歌：「你是我的眼」，歌詞其中的一句：「是不是上帝在我眼前遮住了簾，忘了掀開？」但是「上帝為你關閉一扇門，必會為你開啟另一扇窗」。

When God Closes a Door , He Opens a Window.

　　但願此書的發行，能啟發身心殘障者為人生奮鬥的勇氣，永不放棄。

證馨　謹誌

【作者簡介】

在台北出生長大的證馨，從小鍾意於中國古典文學，起心動念，築夢成真，也收割了美麗的果實。高中畢業旅行，因緣際會途經東海大學，喜歡「路思義」教堂建築中展現的創意和美感，仰慕獨特優雅的人文精神，嚮往大度山自然遼濶的風情，而進入東海大學中文系就讀，神交古人，揮灑詩心，也展延了與文字創作依依相伴的人生。

大學畢業進入台灣商務印書館服務，參與 1980 年代印行《文淵閣四庫全書》編輯工作。之後公職考試及格，至考試院、國立歷史博物館等教育單位服務，六年前圓滿退休。

目前從事公益活動，擔任養生協會講師、教育基金會董事、志工。喜歡跟朋友聊聊如何正確飲食和運動，維持正常生活作息，以恆心、耐心來成功減重，並積極推廣整體養生概念，達到身心靈的健康。

歡迎加入證馨的健康教室
LINEID：0922650968

電子信箱
a0922650968@gmail.com

優雅的莊園
寂寞的土壤
我拿著詩情畫意的手
為它翻動停滯的愁思

天上漂浮的雲朵
日日來造訪
偶爾也遺留愛的淚珠
和春天成了莫逆之交

某日晨起窗前眺望，眼簾出現了孤單的日影，瞬間
空中灑落雨絲，紛飛了我的隻字片語……

證馨寫於 2017 年春天

目 錄
CONTENTS

{ PART 1 }

灑一把鹽，
成功找上門

前　言

這是阿芳真實的故事，
當他沉溺在谷底掙扎的時候，我還是看好他。
不是因為他有「成功」的條件，
而是因為他也沒有「失敗」的條件。

美髯公阿芳——身殘心不殘

時候到了，
躺了幾個月，等待長大的嬰兒，
自然懂得如何翻身，
而大人呢？
有的卻是
一輩子都翻不了身。

四隻腳的故事

才剛度過生日，白髮蒼顏、老邁龍鍾的他問自己，
活到了六十幾，從來不知道成功的滋味，眼看著人
生就要結束了，老天爺還要再跟他開玩笑嗎？

因為，他這輩子都沒有賺過錢，沒有半個人認為他還有未
來，周遭的親友對他，除了搖頭，還是搖頭。但是，奇妙的事
情發生了，連他自己也沒料到，有一天他居然翻身了，從此脫
離貧窮與落魄的生活，讓所有的人刮目相看。

這是真實的故事，發生在沒有成功條件的人身上，憑什麼，
他竟然能夠在六十三歲時徹底翻身，翻轉了整個失敗的人生？

成功的人找方法，失敗的人找藉口。他用盡了方法，絕對
不找藉口，認真做好每一件事，可是成功總是沒有來敲過他的
門。所有的經商投資百百種，做什麼賠什麼，不但都沒賺過錢
養家活口，還賠了一屁股債，討債公司不時找上門來，導致親
友紛紛走避，冷言冷語，總是圍繞著他。那種被錢逼死的滋味，
不是親身經歷過的人，根本無法體會眼前就像是黝黑的隧道，
看不到出口的亮光。此刻，他沒有成功的希望，也沒有活下去
的憑藉，連吃飯的錢都捉襟見肘，他痛苦地問自己，難道就這
樣餓死算了嗎？

西方人相信來一把鹽灑過肩頭，就會被幸運之神眷顧，但六十三年來，幸運之神從來不曾眷顧過他。這個看似健壯陽剛的男子，有一個通俗的名字「阿芳」。這個名字很平凡，卻對我產生一種沉甸甸的壓力，它關係到四隻變形的腳，填塞了我數十年的記憶空間，難以忘懷，因為我從小參與了這四隻腳的成長。

「阿芳」，在我讀小學之前就知道他了，他是我隔壁鄰居的大兒子，和我的大姊在同一年出生。可悲的是，兩個人竟然有相同的命運，都是小兒麻痺的不幸患者。

兩個家庭的第一個嬰兒，在出生後不久都感染了小兒麻痺症，兩對不到三十歲的年輕父母，面臨這殘酷的現實，身心遭受打擊之下，都手足無措地看著心肝寶貝得病後，雙腳日漸萎縮變形，連站立都很困難，遑論走路了。民國44年前後，台灣尚無預防接種小兒麻痺的疫苗，剛好遇到小兒麻痺症大流行的時刻，許多幼兒因此感染，造成終身行動困難的痛苦。兩對年輕的父母遭遇如此厄運，醫石罔效，痛在心裡，只能以淚洗面，無語問蒼天，辛辛苦苦懷胎十個月之後，為什麼我家的小孩跟其他人家的小孩不一樣，一輩子都沒有辦法正常走路呢？

「走路」這件事看似平凡，沒有什麼稀奇，一般人很難體會到，能夠「走路」是多麼的難得，多麼的幸福！我的大姊長我三歲，她在兩歲時罹患小兒麻痺症，所以從小我都沒看過她走路。

有一個畫面，佔據了我的腦海許多年，反覆出現。在我三

歲的時候，忽然有一天，我看到大姊用雙手握著矮矮的竹椅凳在地上爬行，矮凳往前移動一步，身體才能向前跟著移動一步。我當下震攝住了！我看不懂，為何她不是像我一樣站起來走路，而是在地上爬行？只覺得心裡充滿了疑惑，卻不敢問大人為什麼，也不知道該怎麼問。務農家庭的大人都很忙碌，白天在田裡工作，夜晚在室內整理收成的農作物，沒有多餘的時間跟小孩閒聊。

結果大姊就這樣在地上爬行了四、五年，直到上小學後到台北馬偕醫院治療，醫生動手術將大姊彎曲的下肢拉直，並穿起鐵鞋支架，使用枴杖輔助，她才正式站起來，像幼兒般學習走路。

幸好母親生完大姊之後生了我，大姊的求學機會才不致於錯過。為了能與正常小孩一樣接受教育，父母特地讓她晚讀三年，與我同年進入小學就讀，請校方安排在同一個班級，方便我照顧她，因此六歲開始我便擔負了與眾不同的任務。

每天清晨，我們姊妹總是天還沒亮就起床，趕著第一個進到學校的教室，為的是避開人潮和人們好奇的眼光。大姊走路時，必須穿著笨重的鐵鞋支架，左臂腋下撐著拐杖，一步一步吃力地向前行。所以，從小我就揹兩個書包上學，左肩還讓姊姊的右手按住壓著走路，偏偏我長得較同年齡小孩瘦小，比大姊矮半個頭，兩個書包經常從肩上滑落，必須停下腳步來調整，重新掛回肩膀上。

在我們小時候，社會對殘障人士的接受度不高，沒有任何

的福利，也沒有無障礙的設施。當時我年紀雖小，對於陪伴大姊走路上學的印象卻非常深刻，因為大姊每一步跨出去都是舉步維艱，困難重重，還要去承受路人詫異的眼光，和指指點點的壓力。

學校男生常指著我們姊妹，用台語大喊：「拜咖！拜咖！」我知道那是對「跛腳」的嘲笑，每當我聽到這句刺耳的「拜咖」，內心就產生一絲絲的痛楚。大姊就是沒辦法正常走路，但這並不是她的錯！我惡狠狠地瞪著這些壞男生後，他們變本加厲了，更是囂張，學大姊走路一搖一擺的模樣，大笑之後一哄而散，姊妹倆連路都走不動了，又能怎樣？只好暗自神傷，繼續向前走。

抑鬱苦悶的童年，難展歡顏，日復一日，年復一年，我亦步亦趨，陪伴大姊同行多年，她才得以完成所有的教育，不致於變成文盲。小學、國中畢業之後，兩人幸運地考上台北市同一所高中，可以一起上學，但卻從此面臨了搭公車、轉車更大的考驗。

當時台北市公車的台階非常高，公車也沒有冷氣，大姊每次撐著拐杖爬上公車後，早就已經氣喘吁吁，汗流浹背了。公車裡面擠滿了學生和又大又重的帆布書包，像是沙丁魚罐頭般沒有空隙，加上外面炎熱的風吹進車廂來，夾雜著陣陣的汗臭味，擠在人群中，實在非常難受。為了上學，每天來回總要折騰三、四個小時，姊妹兩人才能順利回到家。

沉默的角落

我的大姊上學這麼辛苦，「阿芳」呢？兩家隔鄰而居，大人互動非常頻繁，但我們小孩卻是鮮少往來。「阿芳」排行老大，下面有三個弟弟，每個弟弟看起來都是調皮搗蛋，身形瘦弱的我，眼神總是不敢去接觸他們。

「阿芳」是怎麼上學的？或者他有沒有去上學？他的弟弟會像我一樣，乖乖地陪伴他走路去學校嗎？他的書包誰幫他揹？會不會也遇到小男生在路邊大喊：「拜咖！拜咖！」來嘲笑他？我不知道。至少在我心目中，「阿芳」不像三個弟弟般活潑、頑皮。「阿芳」很少講話，幾乎沒有跟我們姊妹打招呼過，也沒有什麼特殊的表現，他從小就是一個沉默寡言，但相貌看起來祥和、安穩，沒有侵略性，也是那種靜靜待在角落裡，一個毫不起眼卻又很特殊的人，他的沉默不像是那個年紀的小孩該有的。

從小學、國中到高中，和大姊一起上學這段成長的過程，對我的體力是種考驗。特別是我從小胃口不好，長得較同年齡瘦小，學生時代除了頭上黑黑青青的西瓜皮讓人討厭之外，最不喜歡大書包了。書包總是塞滿了上課所有的課本、作業簿，

想偷懶少帶一點都不行，別人一個書包就很沉重了，我卻是肩負著兩個書包的重量，非常吃力。但我不曾退縮過，總是盡心盡力去完成每天的任務，因為我就是大姊的手和腳，不用大人告訴我，我自己就知道，這是我應該做的。這些不但磨練了我負重的能力，也鍛鍊了我的意志，爾後的人生不管面對任何的困難，都不會輕言放棄，一定堅持到底，努力去完成。

我是這麼想的，同樣誕生在一個家庭裡，我的四肢健全，能走能跑，擁有行動力，已經很幸運了，看到大姊變形、瘦弱的雙腳，就像正常人雙腳麻掉時的狀態，有知覺卻無法使力，如何能撐得起全身的重量？連跨出一步都必須依靠重達三公斤以上的鐵鞋支架，和藉著腋下支撐的枴杖來移動，那種吃力辛酸的痛苦，只有一天二十四小時都在身邊的陪伴者，才有辦法體會。

青澀的求學歲月度過了，人生也用掉了四分之一。高中畢業後姊妹倆就讀不同的大學，各奔前程。巧合的是大學畢業後也都考上了公職，擁有一份穩定的工作，過去求學階段的辛苦，總算差強人意有了美好的成果。這份公職的工作對大姊而言，是十年寒窗的珍貴禮物，由於殘障者在社會上求職非常困難，幾乎沒有老闆願意雇用，當時沒有殘障的社會福利政策，也沒有就業的保障，很多殘障者沒有機會自食其力，必須依賴家人的資助維生。

立業之後，成家的因緣接踵而至，沒想到隔鄰而居的兩家人竟然結成了親家。在雙方父母的安排之下，大姊和「阿芳」

結婚了，希望兩個重度肢體障礙的人能夠相依相伴、扶持一生。從此「阿芳」成為了我的姊夫，一個從小看著長大的鄰居「阿芳」，突然變成了家人，既「熟悉」又「陌生」，那種感覺非常奇怪。

「熟悉」的是「阿芳」成長的過程必定跟我大姊同樣艱辛，是汗水和淚水交織的童年、青少年、青年，每個階段都必須克服身體殘障的不便，力爭上游。當時在升學競賽場中，沒有任何殘障者的加分優惠，必須跟一般人一樣競爭，一起擠進大學聯考的窄門。大姊如何走路，如何長大，我參與了她的成長，「阿芳」一定也是這樣走路，這樣長大的，我敬佩他們不向命運低頭的勇氣，總是積極向人生挑戰，靠自己的努力，走出自己的路。

雖然人是熟悉的，為何「陌生」的感覺總是縈繞我心中，而且持續了許多年呢？因為「阿芳」成為我的姊夫之後，我見證了「阿芳」屢戰屢敗的商場現形記，他那些令人震驚的負債，總是隨著每次慘敗的戰績一直增加，這種情形在我家族與親友之間絕少發生。而面對「阿芳」不斷的逆境，和挫敗的人生，我的感覺就是「陌生」，婚後的貧窮和憂慮總是圍繞在他和大姊身上，加上他們兩個小孩陸續來報到，養兒育女龐大的開銷，讓「阿芳」更感到肩頭的重擔壓力，越來越沉重，他督促自己努力去賺錢，一直朝著養家活口的目標前進，但總是未能如願。

「阿芳」是我的姊夫，是我的親人，他的負債和挫敗也造成我心中的痛苦，殘障者在社會上謀生不易，我深感同情，然

而自己在經濟上卻沒有多餘的積蓄可以協助他，最後只能以個人的信用向銀行辦理信用貸款，讓「阿芳」來度過難關。但是這筆資金的介入，「阿芳」還是沒有辦法起死回生，總是做什麼賠什麼，所有的投資沒有一件讓他賺到錢。

　　大姊的責難，加上生活現實的壓力，「阿芳」雖然怪罪自己無能為力來減輕經濟的負擔，卻拿不出什麼辦法來，只能繼續跟全家大小與岳父母同住，在親友面前失去了尊嚴。當時「阿芳」不到四十歲，正是人生需要努力往前衝的階段，「阿芳」就像是被下了詛咒，他的努力到最後都是慘敗收場。

流浪的隱形人

「阿芳」三十六歲那年，事業失敗，經濟和精神壓力導致身體急遽惡化，除了從小因罹患小兒麻痺症，導致全身經脈受損，加上之前騎車發生過車禍，舊疾復發，整個人幾乎癱瘓無法行走，苦不堪言。

「阿芳」沒有事業，也沒有健康，這些不堪回首的往事，對所有家族親友而言，「阿芳」成為「失敗者」的代名詞，沒有人願意跟「阿芳」講話，或者聽「阿芳」講話，大家都避之唯恐不及，「阿芳」好像是個隱形人，他幾乎要被這個世界遺棄了。

同樣是殘障的人，大姊就幸運些，她認真讀書，成績優異，大學畢業後考取高考，從事公職而有穩定的工作。可是姊夫「阿芳」所有的事業全部失敗，做過珠寶首飾進口、寶石人像鑲畫、仿大理石雕刻藝品、健康食品、酵素、冷凍水餃，沒有一件成功過，全都是賠錢收場。大姊用房貸來給他做生意，也都全部賠進去，他只好利用信用卡借支現金來應付難關，因無力償還，最後信用破產，銀行討債不斷，全家生活受到嚴重干擾，過著心驚膽顫的日子。責備的聲浪排山倒海而來，「阿芳」不得已只好走避屏東、花蓮，在外流浪度日，過著沒有尊嚴、沒有未

來的生活。

　　然而，「山窮水盡疑無路，柳暗花明又一村」，人生走到了盡頭，既是危機也是轉機。這個時候，「阿芳」的幾位恩師出現了，教導他元極氣功和中醫理氣療法。「阿芳」持之以恆練習，且研發一套功法自療，先從自身開始，做實驗室的白老鼠，一點一滴去研究五行、血脈、穴位、經絡調理等傳統醫學的範疇，精氣神的運用，在長達十二年的自療過程中，竟然將自身的病痛治癒，五臟六腑日漸強壯，氣色完全恢復，腳力大增，行動更自如，同時也練就了一身好功夫，利用氣功來去痧理氣，並自創「玉斧」養生功法，以敲、砭、刮的手法，透過經脈路線，做適當調理，使人身氣血調和，經絡之氣平衡，從而達到健康的目的。

　　「阿芳」應用「玉斧」養生功法疏經活絡，自我保健之外，也為人解決宿疾，手持「玉斧」，心中懷抱「人飢己飢，人溺己溺」的同理心，將這股正氣積聚在玉斧的尖點上，以之對準穴位，用變換不同角度敲擊，以達旋轉之能，就會有神奇的功效。這種自然療法，能將身體的濁氣排出，達到正本清源的目標，絕無副作用。「阿芳」身受其利之後，毫不藏私，還特別規劃出兩個小時的課程，免費教學，讓大眾學會 DIY 治療自己身體的痠痛。「阿芳」仁慈的宅心，寬宏的度量，點點滴滴展現出來，再多的病患求助，他都有求必應，來者不拒，全力以赴。

　　朋友看到他的轉變，紛紛上門接受氣功調治身體，口耳相傳下，越來越多人來找他，他成為專業的「刮痧」治療師。短

短幾年，「阿芳」的服務成效顯現出來，累積了廣大的人脈與信譽。

　　按摩油膏質地精純與否，影響到刮痧患者的健康。從小地方觀察「阿芳」，他堅持自己調製配方來製作按摩油膏，將滿滿一大鍋的中藥材以慢火熬煮著，這些純天然、完全不添加化學有害物質的成本所費不貲，他卻毫不吝惜去投入，只為了救人性命，帶給大眾健康，也不願意偷工減料，以節省成本的方式來賺錢。

　　「阿芳」賣力地從事民俗傳統醫學服務，幫助過成千上萬的人，但是一、二十年下來，到最後居然沒有賺到錢，還是窮困潦倒，為什麼？因為「阿芳」的靦腆和仁慈，沒有勇氣跟病患收費，通常只是象徵性的拿個材料費而已。遇到家境貧困、健康惡化急需救治的患者，「阿芳」都是免費服務，對於病情嚴重的人，不忍其舟車勞頓，他會自行開車去外縣市義診，服務到家。這樣的人，怎麼有辦法賺到錢？過去經商積欠龐大的債務，似乎沒有償還的可能，所以身邊的親人都不看好他，認為「阿芳」這輩子就這樣下去，沒有任何的希望了。

　　我的看法卻跟一般人不同，以我的了解，「阿芳」的確沒有「成功者」的優勢，但他也沒有「失敗者」的通病。換句話說，「阿芳」有著一個好心腸和一股傻勁，不會輕易放棄任何的努力，他的人生最後不應該是失敗的結局。

　　「阿芳」肢體的障礙，在社會上謀生本來就很不容易，從小學業成績不好，無法考上公職，行動不便，加上沒有一技之

長，私人企業根本不會錄用，實在不宜對他過度苛責。家人經常抱怨，都是擔任公職的大姊在賺錢養家，「阿芳」不但沒賺過一毛錢，反倒是賠了一屁股債，苦了大姊。我只有盼望奇蹟出現，能讓「阿芳」成功，只要成功一次，真的只要成功一次，只要這一次就好了，證明「阿芳」不是沒有路用的人，改變周遭親友對他的看法，讓「阿芳」能夠過著有尊嚴的生活。

這些年來，「阿芳」一直在蘊積一些能量，對於健康事業總是努力去開創一番局面，除了默默研究人體穴位、血脈經絡等相關的醫理之外，對於刮痧工具的研究、創新，總是不厭其煩地嘗試，親自琢磨木材、石材，為了製作一把優良的刮痧板，可以像鐵杵磨成針那樣耐心琢磨，反複測試，希望藉由理想的工具，來減輕病患在刮痧時的疼痛感。

「阿芳」不是口齒伶俐的人，講話還帶著台灣國語的腔調，會寫錯別字、用錯成語等，也會辭不達意，但這並不影響他向上的動力。「阿芳」從不諱言，他小學沒有讀好，身體的殘障讓他行動困難、膽怯自卑，求學過程非常艱辛，無心在課業上，所以成績不好，小學還留級一年。國中畢業後，連高中聯考都落榜，只能進入私立高中就讀，大學好不容易考上夜間部印刷系就讀，在學業上的表現總是不盡理想，最後才勉強完成了大學教育。

「阿芳」不會使用電腦，所以這些年來我幫忙「阿芳」整理文字資料，對於他的整體養生概念多所接觸，同樣認為西醫在醫學領域中有所長，亦有不少盲點，不應排斥傳統中醫的療

效。在工作之餘，我常常想，「阿芳」似乎沒有成功者必備的條件，他不是那種天資穎悟，反應敏捷，辯才犀利，讓人一看就覺得是人生勝利組的那種人，他到底會不會成功呢？對「阿芳」而言，周遭的人認為他只要能夠賺到錢，有能力養家活口就算是成功了。

表面上看來，「阿芳」沒有成功者的條件，但我發現他有天性善良、任勞耐煩的特質，是典型「勤能補拙」的人物。我相信「阿芳」默默耕耘、做事踏實的態度，一旦遇到對的時機，做出對的事情，就會像是傳統木工的接合，木頭的榫頭插入另一個卯眼中，使兩個構件連接並固定，便能成為有用的器具，這也是我相信「大器晚成」之前，一定會有一段難熬的黑暗期。

六十歲前後，「阿芳」除了為病患刮痧理氣、解除身體的疼痛之外，他創辦了一個養生協會，定期舉辦健康講座來傳播養生訊息，利益大眾，作為交換健康心得的園地。「阿芳」認為人沒有所謂真正的「病」，「病」就是身體氣血不通產生鬱滯的現象，如果能夠藉由去痧理氣，排除身體的瘀阻，加上以米養氣，補充能量，要恢復身體的健康並不是難事。而補氣最方便的就是從飲食去調整，只要將白米慢慢改變成糙米，結果就大大不同了。

不當的飲食是造成身體不健康的原因，所謂「病從口入」，因此台大農業化學系黃良得教授建議，只要天天食用糙米飯，即可讓稻米中的活性成分在人體內發揮「藥效」，成為比任何保健食品都有效的天然防癌食物。黃教授指出，糙米中的機能

性成分有不可思議的「藥理」功效；尤其學界稱作 T3 的生育三烯醇，其抗癌活性最高，研究報告顯示糙米對於腸胃癌、肝癌、皮膚癌、子宮頸癌與乳癌等癌細胞，均有良好的抑制增生功效。面對肥胖、營養不均衡、三高（高血壓、高血脂、高血糖），人人談癌色變。黃教授還特別強調，唯有天天食用糙米，才是追求健康的王「稻」。因為研究結果指出，只要每天食用兩百公克的糙米，就可以防癌、抗癌，解決現代人大部分的健康問題。（資料來源：人間福報 2012/9/27 陳玲芳報導）

食用糙米可以防癌、抗癌，對健康好處多多，但是一般糙米是睡眠中的活米，它堅硬的外皮含有植酸，會妨礙人體對於鐵、鈣、鎂等礦物質的吸收。因此，「阿芳」積極開發碾米機，調整碾製糙米的精度，在糙米脫殼過程中去除部分糠層，減少植酸，保留完整胚芽，讓糙米中的營養物質鐵、鈣、鎂等礦物質可以為人體所吸收，變成真正的活米。「阿芳」體認到糙米的營養價值高，確實能改善現代人的文明病，必須將睡眠中的活米「糙米」轉變成為有活性的「鮮活米」。因此同樣是糙米，以特殊碾米機所碾製出來的破壁糙米「鮮活米」是粒粒能發芽，粒粒有活性，能完整保留胚芽和微量元素，具有糙米的營養和白米的口感。

經過密集的試吃和推廣活動，「阿芳」以所開發出來的「鮮活米」，進行台灣的「米食革命」。「阿芳」是個心胸寬大的人，在養生協會的辦公室裡舉辦試吃餐會，免費讓有緣人享用「鮮活米」，一個星期總有三、四天人潮絡繹，「阿芳」來者不拒，

一定熱烈招待午餐，長達三、四年之久，餐會後再撥放影片耐心為大眾解說食用「鮮活米」的益處，現場也有不少食用者現身說法，講述了自己健康改善的見證。這樣不計成本推廣了幾年下來，「鮮活米」打出知名度造成熱銷，每月至少三千包的銷售佳績，「阿芳」慧眼獨具踏出了養生的第一步。

除了鼓勵大眾食用糙米補氣養氣，搭配他獨創的「玉斧養生功法」，為病患去痧理氣、調整經絡，「阿芳」的專業在刮痧界累積了不少聲望，被譽為「刮痧達人」。造訪「阿芳」的病患日益增多，加上「鮮活米」銷售一直穩定成長，照理說，「阿芳」應該收入逐漸豐碩，甚至能夠擔負起養家的責任才是。雖然看似開始賺錢了，但是，販售「鮮活米」的微利讓他還是沒有賺到錢，生活捉襟見肘，連試吃餐會的碗盤，也是到二手商店添購的。

這個階段的「阿芳」有了聲望，財富卻沒有隨之而來，身邊的親友還是沒有人看好他，都認為他這一生只能夠這樣，賣個糙米、為人刮痧，草草餬口度日，甚至認為「阿芳」過去的負債沒有償還的一天。俗話說貧賤夫妻百事哀，為了避免拖累家人，讓家人活在巨大的經濟壓力之下，「阿芳」與大姊兩人離異，「阿芳」從此搬出住家在外租屋自行居住，沒有親情的溫暖陪伴，人生的結局似乎又回到原點，回到小時候「沉默的角落」。為了爭口氣，為了生存下去，「阿芳」每天更加賣力地操作碾米機，將鮮活糙米包裝好，準備隔天的出貨，也讓忙碌填補心靈的空缺。

幸運的雲彩

沒想到就在六十三歲那年，天上忽然飄來了一朵幸運的雲彩，它就停留在「阿芳」的頭頂上，十分光耀醒目。

「阿芳」腳踏實地推廣「鮮活米」，努力耕耘個人的臉書，竟然得到了飄洋過海的迴響。一位華裔美籍的商人因為經常點閱「阿芳」的臉書，長達兩年之久，對於臉書介紹破壁糙米「鮮活米」產生了興趣，因此決定親自來台灣拜訪「阿芳」這位米食革命者。而這一次的面談，為他生命創造了奇蹟，竟然改變了「阿芳」的命運，讓「阿芳」徹底「翻身」。

　　幸運的雲彩眷顧「阿芳」的時候，我並不知情。我在退休後移居宜蘭，在員山鄉開墾菜園，種植香草、蔬菜、水果，還開設民宿、蔬食餐廳、銷售本土蜂蜜、無毒蔬果，為協助當地小農推廣農產品盡一份心力。幾年下來，在這片自力營造的田園裡，堅持採有機耕種，不用化學肥料、不噴灑農藥和除草劑，所以經常要下田去人工除草、種菜，每天揮汗如雨，體力耗盡，卻是甘之如飴。如果以愛護地球的初心，能夠珍愛自然的資源，創造大地的生機，種植出最天然無毒的農產品，提供消費者健康的食材，讓有機飲食的概念能深耕生根，使大眾都能夠「吃出營養，吃出健康，也吃出美麗」，那麼所有的辛苦

都是值得的。

「阿芳」過去結識不少中醫師，他的養生概念是從健康飲食開始的，這點與我不謀而合，所謂種瓜得瓜，種豆得豆，有因必有果，想要得到健康必須攝取有益人體健康的天然食物，而不是頭痛醫頭，腳痛醫腳，單單依賴藥物治病，這是治標不治本的。因此，當我決定開墾菜園，採有機種植、開設餐廳製作鮮活米套餐時，得到「阿芳」的肯定，認為這個方向和努力是正確的，而且有了據點，「阿芳」更方便來宜蘭義診，為需要去疹理氣的鄉親服務。

106 年元旦，我在宜蘭員山鄉的民宿餐廳開幕了半年後，「阿芳」蒞臨小店捧場，閒聊之餘，他看到我的小腿腫了一個疱，又紅又腫，問我怎麼回事？我回答他，這幾天在菜園除草被蟲咬傷了，很硬很痛，好像快要變成蜂窩性組織炎了。

「阿芳」立即拿出一小條凝膠狀的東西讓我塗抹，並告訴我每日密集塗個幾次，就會復原的。我拿來一看，是凝膠狀的產品，原本是水狀，在使用之前必須搖動均勻，才會變成凝膠狀，再把凝膠塗到傷口上，這樣就會復原。

這是什麼東西呢？既不是藥，也不是健康食品，到底是什麼？我實在不願意當白老鼠，但是元旦假期醫生休診，只好試試看了。

「阿芳」雖然被譽為「刮痧達人」，但非常悲哀的，他也是屢戰屢敗的「失敗達人」，做什麼賠什麼，從來沒有成功過。六十三歲以前沒有賺過錢，他這次又要做什麼？還要虧損多

少？我心中不免狐疑，也很擔心，勸他專心推廣「鮮活米」，雖然薄利多銷，能夠賺點生活費就好。加上我店裡銷售農產品，可以為他在宜蘭地區作批發盤商，大力促銷「鮮活米」，創造業績。我心想，「阿芳」最好不要再涉入其他行業，一個六十三歲的人，人生還有多少日子可以揮霍？還有多少歲月可以蹉跎？一個六十三歲的人，根本沒有失敗的本錢，我不斷地提醒他。

「阿芳」告訴我：「這瓶凝膠給妳，妳用用看就知道了。」之後，再倒一小杯水讓我喝，問我喝起來是什麼味道？是「漂白水」的味道？「阿摩尼亞」的味道？還是「地溝油」的味道？

「好吧！」我勉強收下凝膠，把那一小杯水喝下去，結果發現是「漂白水」的味道，心中想著不要給我這些有的沒的，我根本沒興趣。

我自忖研究營養學多年，致力於推廣健康的飲食概念，自己種植香草、蔬菜、製作香料，開辦了有機蔬食餐廳，一直相信「醫食同源」，認為食物就是最好的醫藥，就算是生病時也注重自然療法，提升自體免疫力來對抗病魔，不想接受這些奇奇怪怪的東西。我提醒「阿芳」，這輩子他沒有成功過，不要再去投資，凡事要明哲保身，小心謹慎為宜。

「阿芳」沒有多跟我解釋什麼，離去前只是叮嚀我凝膠每天多塗幾次，很快就會復原。

元旦假期餐廳的生意忙碌，到了打烊之後，我才有空檔研究「阿芳」給我的資料，原來這條凝膠的成分含有「氧化還原

信號分子」，我知道氧化和還原的意義，但「信號分子」是什麼呢？工作了一天，累了，沒去多想，先塗凝膠挽救蟲咬的傷口再說。

　　接下來，我一天塗凝膠好幾次，一想到就塗，大概有五、六次之多。到了第三天，發現傷口變得柔軟了，疼痛感逐漸減少，而且紅腫的範圍縮小了。難道「阿芳」給我的是仙丹妙藥？可是它又不是藥，是「氧化還原信號分子」，為什麼能夠減輕傷口的惡化呢？姑且試試看吧，再繼續塗下去。到了第五天，傷口已經縮小到幾乎看不見了，稍微有點紅紅的痕跡，沒有結痂，復原的速度超乎我的預期。到了第六天，紅紅的痕跡幾乎消失了，第七天，整個傷口已經看不出來，跟沒有受傷之前完全一樣，令人驚訝的是破皮的傷口，居然不必經過結痂的過程，就能夠復原。

　　起初我還不相信「失敗達人」——「阿芳」能給我什麼幫助，心血來潮就用手機每天拍下了傷口的照片，準備用來告訴他這個沒用，說不定還會延誤我的病情。可是，奇蹟竟然發生了！

諾貝爾的禮物

　　我打電話給「阿芳」，告訴他這個好消息，他用平靜的語氣跟我說，他早就料到結果了。我的好奇心起作用了，決定親自跑一趟台北到他的辦公室，看看他到底在做什麼？為什麼不是藥物的東西，能夠改善我被蟲咬的症狀，到最後完全復原？皮膚科醫師開的藥方，不見得能夠這麼快速治療成功，萬一治不好，轉變成蜂窩性組織炎的話，還必須開刀。為什麼「阿芳」手上有這個東西？他到底跟誰接觸了？難道是跟 ET 外星人接觸了嗎？

　　到了台北協會的辦公室，才一踏進門，怎麼一屋子鬧哄哄的，人聲鼎沸？我看到「阿芳」辦公桌前的椅子全都坐滿了客人，他一邊接手機，一邊跟身旁的客人講話，似乎是忙不過來。沒想到有一天，我要跟「阿芳」講話，竟然要排隊？時間寶貴，每個人都不是傻瓜，怎麼大家都願意排隊來跟「阿芳」講話？是要刮痧治療？或者買「鮮活米」？還是買「氧化還原信號分子」的凝膠？難道大家都被蟲咬傷了嗎？

　　都不是，「阿芳」已經忙到刮痧必須幾天之前預約，另外排出空檔才行，若是沒有被蟲咬傷的人，來買凝膠做什麼？到底這些甘願等候的客人究竟要做什麼？

　　認識「阿芳」這麼久，從來沒有見過這種景象，發生什麼

事了？我驚訝得像是在做夢一樣，感覺很不真實，但也只能乖乖地跟著排隊，看看「阿芳」到底葫蘆裡賣什麼藥？

　　只見前面幾個客人手上都拿著表單，跟「阿芳」說他們要選擇哪一種方案，金額是多少等等。原來他們是等著要加入會員，要購買「氧化還原信號分子」的凝膠和信息水。我看了一下桌上放置的入會方案說明書，購買一套產品費用要幾千元，不算很貴，但也不是免費的，心想，難道這些滿滿的客人都拿自己的荷包開玩笑嗎？

　　後來終於搞清楚了，「阿芳」從一個身無分文、負債累累的老頭，跨足了這項獲得美國七項專利的高科技產品，以傳銷的方式來推廣，不需要龐大資金作成本，不需要進貨或庫存，對於經濟困頓的「阿芳」而言，這是最適合他的經營策略。如果不是確實對健康有幫助，現場這麼多人，誰願意耐心等待來完成入會的手續呢？

　　「這個產品很特別，不是我去找它，是它自己來找我。目前台灣沒有分公司，必須從美國空運過來，會員必須自己負擔運費，運費不便宜，可是大家還是願意負擔運費，主要是產品確實很棒，它不是藥，不是健康食品，為什麼它卻能夠行銷世界四十幾個國家呢？」輪到我講話時，「阿芳」不疾不徐地跟我說明。

　　「阿芳」告訴我，先不要排斥，先去認識它，就會有收穫。「阿芳」又說，他過去二、三十年，一直在幫助失去健康的人，以他刮痧的「玉斧」養生功法，為病患對症去痧理氣，這是民

俗療法的範疇，功效良好。但如果有一項產品能夠輔助加強，來調節生理機能，促進新陳代謝，幫助入睡，增強體力，進一步將人體氧化壞死的細胞，還原成正常有活性的細胞，身體怎會生病？

「阿芳」強調，「身體健康來自細胞健康」，根據美國塔羅 TAUERET 實驗室為這項「氧化還原信號分子」的產品，做了雙盲實驗結果，證實「氧化還原信號分子」對人體基因有五大方面顯著的改善，產品說明書清楚的寫著：

一、免疫系統
二、消化系統
三、賀爾蒙系統
四、心血管系統
五、炎症反應

另外，產品還有大分子生物分析實驗中心認證的標章。「阿芳」再說明，「氧化還原」是一門很新的學問，相關的研究已達二十年，也得過諾貝爾獎，它是現今醫學科學研究領域進步最快的技術，每個月大約有一千多篇論文在討論這個議題。

近年來科學家發現，正常的話「氧化」和「還原」這一對信號分子應該是平衡的，有了這對信號分子的指令，細胞才能溝通、交換資訊、工作，來行使正確的功能，例如：吸收、營養、排毒、免疫、修復、偵測等。但是人類在十歲左右，信號分子

便逐年減少生產，每十年減少 10%，隨著壓力、老化、飲食不正確、環境污染，信號分子減少的速度會更快，產生了疾病。最後，如果細胞不再產生信號分子，生命也就終止了。

諾貝爾醫學獎得主華生博士說：許多重大疾病，都是缺乏「氧化還原信號分子」，證明人體健康，缺的並不是藥物。若能補足「氧化還原信號分子」，即能開啟身體功能的救急開關，一切失衡的現象就能改善。

但補足「氧化還原信號分子」，不是直接治病的概念，而是發揮自體修復功能與免疫的效用。因此，信號分子在人們對抗老化、預防疾病的過程中，佔有重要的地位。如何補充「氧化」和「還原」信號分子到體內，就是美國科學家在預防醫學的成就。

「阿芳」很早以前就告訴過我，人沒有所謂的疾病，是身體出現的「症狀」而已，是氣血瘀滯阻塞了經絡，讓細胞產生了損壞的現象，如果有個東西能讓細胞恢復正常，活起來，這個所謂的疾病——「症狀」也就消失了，原理很簡單。而能夠讓細胞恢復正常的東西，他幾十年來一直沒有遇到過，連他父親從事生物科技研發數十年，所生產製造的健康食品都無法達到這個功效。

現在，「氧化還原信號分子」的研究突飛猛進，終於讓他等到可以將「氧化還原信號分子」補充到體內的方法，來挽救健康，這是何等令人振奮的好消息？未來當預防醫學成為醫學界的主流時，就可證明「阿芳」對人體疾病根本的看法，是走

在時代的尖端。

「阿芳」說他的人生不是把賺錢擺在第一位，反正他這輩子也沒賺過錢，他關心的是要如何才能得到健康？失去健康的人要如何才能找回健康？

「氧化還原信號分子」對健康有幫助的原理聽起來很簡單，但我個人對傳銷的方式很反感，總覺得都是騙人的把戲，也就是俗稱的老鼠會。「阿芳」提醒我，一般人都不相信廣告，但是，一個新產品若沒有在大眾媒體做廣告的話，大家又不放心，因為沒有知名度。這不是很矛盾嗎？到底我們是因為產品的知名度很大，還是因為產品的品質很好而選擇了產品？或者，只要產品是以傳銷的方式來行銷，而不是用傳統的店舖來行銷，就一律排斥去認識這些產品，拒絕消費？這真的是非常矛盾。為什麼我們沒有判斷力？不敢選擇？那是因為我們對科學與健康知識的不足。

通常，只要產品是以傳銷的方式來行銷，而不是用傳統的店舖來行銷，一般人就立即產生排斥感和防衛心，深怕上當受騙。這是我的盲點，相信也是很多人的盲點。

「阿芳」繼續說，大部分人都沒有先進的科學知識背景作判斷，加上長久以來存在的偏見，導致可能錯過一些劃時代、高科技的新產品。這些科學家在實驗室裡埋首研究，辛辛苦苦發明，而開發出具有多項專利認證的產品，只要有因緣接觸到，而我們也願意去嘗試，相信對大家的健康都會有不少幫助。

結束拜訪後，我拿了一堆產品介紹回家仔細閱讀，又上網

查了一些資訊，去研究細胞的構造，及如何讓細胞健康的方法。原來，細胞的粒腺體是身體的發電機，是產生信號分子的源頭，是人體精力的來源。我的養生之道雖然從正確的飲食，得到了健康，體力維持得很好，每天連續工作十四個小時都沒有休息，也不覺得累，但身體會逐漸老化是不爭的事實，為避免老來病苦，我需要讓粒腺體擁有充足的電力，維持人體這個複雜機制的運轉。

我的工作是務農，每天要接觸泥土和草堆，經常有蚊蟲叮咬的情形發生，我嘗試用凝膠去塗抹。甚至在餐廳廚房料理常會燙傷，也是使用凝膠來處理紅腫的皮膚，效果不錯。凝膠還可以用來保養臉部肌膚、除皺保濕，連手腳撞到產生的瘀青，密集塗上凝膠很快就會消散褪掉，非常好用，可謂家庭必備的萬用膏。

經過充分了解和親身體驗後，我加入「阿芳」的健康團隊，讓自己能夠以高科技的創新產品「氧化還原信號分子」，結合健康飲食的概念，來增加細胞粒腺體的能量，活化身體自體免疫的功能，創造健康的人生。每個人賺錢都很不容易，若不是眼見為憑，體驗妙用，和眾多排隊的會員一樣，我怎會拿自己的荷包開玩笑呢？

「阿芳」隨著業務拓展的速度，台北之外，各縣市陸續成立了服務據點，團隊在「阿芳」的組織之下，日漸茁壯，一步一腳印，「阿芳」南北奔波，只要會員需要服務，他就會不辭勞苦親自去為大眾解說整體健康的理念，也為病患去痧理氣，

來恢復健康，幾乎未曾停下腳步。「阿芳」的付出遠遠超過他的報酬，然而支持他努力向前行的是使命感，而不是隨之而來的獲利。

五大科學新興技術

　　以前的「阿芳」總是一刀一刀的為病患刮痧、
去痧、理氣，耐心地安慰病患，忍一時之痛，才能
得到打通氣脈之後的健康。因為「阿芳」擁有氣功
的底子，許多沉潛在身體底層的瘀阻都能輕易浮現
出來，打散化解掉，讓病患當場覺得呼吸舒暢，症
狀獲得改善。他的耐心與技法，博得了病患的肯定。
而這份肯定改變了他的後半生……

　　由於二十多年來，高達數萬人次的去痧理氣讓他累積了不
少名聲與人脈，所以後來的「阿芳」推廣「鮮活米」時，銷售
業績自然長紅。這也可以解釋這幾年來「阿芳」成為「氧化還
原信號分子」的經銷商，為何參加健康團隊的人潮眾多，總是
塞滿了他的辦公室。成功不是偶然，「阿芳」的成功是遲到的
春天而已。

　　有一位在美國創業成功的貿易商經理人，還擬定了一百個
問題來考驗他，「阿芳」都耐心地一一回答，得到滿意的答案
之後，這位商場女英豪心服口服，也加入了健康團隊，讓「氧
化還原信號分子」改善了家人的健康，甚至成為積極推廣這項
高科技產品的講師，熱心地散播健康、散播希望給有緣人。

經過自己親身的體驗，我每天飲用兩杯 60 西西的信息水，這種含有「氧化還原信號分子」的信息水很特殊，我發現它從一開始的漂白水味道，連續喝了三個月後，後來竟變成甘甜的美妙滋味，沒有其他味道。「阿芳」告訴我，這是細胞被活化了，自體功能增進的結果，所以睡眠會明顯改善，幾乎都可一覺到天亮，半夜不必如廁，體力比以前更好，再繁重的農務我都能夠應付。

為進一步了解「氧化還原信號分子」的功能，我不斷搜尋這方面的知識，也參加國內外醫師主講相關的講座。而下面這篇報導更讓我相信以開放的心胸，廣納科技的果實絕對是正確的。

依據最新研究報導指出，這幾年創造出科學的新興技術，從 2016 年開始起飛之後，將會塑造我們未來生活的新樣貌，這種改變遊戲規則的劃時代技術有五種，即有機電子、營養基因組學、合成生物學、氧化還原信號技術、神經形態工程（資料來源／美國赫芬頓郵報 HUFFPOST 林永勝編譯）。

報導所提到的「氧化還原信號技術」就是被「阿芳」視如珍寶的發明，也是讓「阿芳」能夠幫助更多人得到健康的憑藉，而「阿芳」自己也從人生的谷底爬升上來，徹底翻身，改變了一生的命運。

凡走過必留痕跡，一步一腳印，從南到北，整個台灣幾乎都有「阿芳」的足跡，會員遍布各地，國內外加入者迅速成長，其中不乏中西醫師、牙醫師，也推薦病患來使用「氧化還原信

號分子」。「阿芳」一天比一天忙碌，搭配他所開發的「鮮活米」、去痧理氣，讓許多人身體好轉之後，再介紹親友加入，一傳十、十傳百，會員人數很快突破了四千人。

107年，台灣分公司順利在台北成立，會員沒有空運費用的支出，大幅降低了消費金額，更讓「阿芳」的業績扶搖直上，每個月都有成長。在創業的道路上，一個完全沒有資本的人，靠著對大眾的愛心、耐心，不辭勞苦，持續去做對的事情，成功自然是水到渠成的。

德國投資大師「科斯托蘭尼」曾說過，人生要迅速致富有三種可能：「一是透過帶來財富的婚姻，二是利用幸運的商業點子，三是投機。」第一種和第三種致富的可能，對「阿芳」和大多數人來說是天方夜譚，不可能的事，而第二種利用幸運的商業點子成為富翁，讓比爾‧蓋茲（BillGates）成功地在30歲前，成為美國最富有的人。但是這種機遇只發生在極少數人身上，全世界沒有幾個人做得到。

「阿芳」的翻身，都不是憑藉此三種致富的途徑，「阿芳」只是要幫助周遭的人找回健康，並不是把賺錢擺在第一位，卻沒想到隨之而來的是龐大的財富，以及成功翻轉人生的寶貴經驗。他無私的分享與助人，也因此得到了自我的肯定和眾多的掌聲。

兩年多的努力，「阿芳」的健康事業讓他翻身了，成為鑽石級的領導人，而且是亮晶晶的「三鑽」。亮麗的業績讓他的收入迅速成長，真正脫離赤貧階級，不再擔心付不出房租，不

再擔心下一餐飯沒有著落，不會再看到那些鄙視他的眼神，不再害怕討債公司上門來。「阿芳」幫助了失去健康的人找回健康，也幫助自己找回了自信與尊嚴。

108年夏天，「阿芳」受邀到美國舊金山、墨西哥坎昆旅行，並接受總公司的表揚，這些對他而言是很大的鼓勵。因為「阿芳」比任何人都沒有成功的條件，他只是個行動不便的平凡人，沒有任何資金、背景的奧援，卻能夠胼手胝足，憑藉著自身的努力，和對健康志業的堅持，而闖出一片天，創造了生命的奇蹟。

結束訪美行程回台後，台灣分公司特地為他舉辦表揚大會，賀客盈門，熱鬧歡喜，在滿堂的掌聲中，「阿芳」拄著拐杖，上台接受獻花並致詞，禮謝大家。

令人驚訝的是，他不需要使用麥克風，直接開口演說，數十年氣功的底子，「阿芳」身體硬朗，中氣十足，聲音宏亮。「阿芳」在台上敘述他的心路歷程，點點滴滴都是感恩再感恩，完全沒有驕慢之氣，讓人佩服他過人的毅力，能夠堅持正確的道路，勇敢走下去，而有今日光輝的成就。

「正確的方向與心態，才能獲得非凡的人生！從沒正式經營傳銷之人，為何可以帶出一個跨國團隊呢？我以前有斷斷續續接觸幾家傳銷，曾經被這些老鷹激勵出鴻飛大志，也很快有成績出來，但總覺得我失去靈魂，是個出賣靈魂的人。果不其然最後發現都是一場誤會，甚至與公司不歡而散，囤積了不少貨品，也成為朋友的拒絕往來戶。所以，近二十年來只要是傳

銷的模式，我一概拒絕。

　　然而這次完全不同，由於接觸到高科技產品『氧化還原信號分子』，也親身體驗到它對健康的幫助，讓我重新燃起救人的熱忱，與得到倍增市場學的財富，它確實是利人利己的事業。」

　　「阿芳」的致詞平實而誠懇，他立志要成為傳銷界的清流，實踐「消費者至上」的理想，節省傳統店鋪行銷必須的支出，如店租、廣告行銷費和人事費等昂貴成本，直接透過經銷商面對消費者的傳銷方式，將這些省下來的行政費用回饋給消費者，讓消費者得到物美價廉的產品，這是科技時代高效率的商業模式，也才是傳銷事業互助的精神所在。

　　「取之於社會，用之於社會」，這種觀念讓「阿芳」還是原本的「阿芳」，沒有改變。翻身之後的「阿芳」沒有揮霍，沒有享樂，也沒有過著紙醉金迷日子，翻身之後的「阿芳」還是開著國產車，南北奔波來服務大眾。

　　「阿芳」回顧一生的起伏波瀾，感觸良多，如人飲水，冷暖自知。他的成功絕非僥倖，而是要克服身體行動的不便，發揮助人的熱忱，腳踏實地，一步一腳印往前行，才能步入康莊大道。

　　「時間是不會等人的，只要是對的事情就馬上去做，持續下去。」這些是「阿芳」常常跟我說的，沒有什麼大道理，只要不放棄，就有「翻身」的一天。我一直都相信「阿芳」做得到，因為默默的播種，含淚的耕耘，必然會有歡笑的收割。

一個最沒有成功條件的人，成功了。「阿芳」內心的聲音是：

> 我一直思考如何以利益眾生為宗旨，
> 團隊互助之精神，
> 幫助大家將氧化還原信號分子推廣至全台灣，
> 甚至全世界。
> 氧化還原信號分子是恢復健康之不可缺，
> 並非治百病神水或仙丹。
> 必須建構整體養生概念，
> 包括生活習慣、飲食習慣
> 及用藥習慣等缺一不可。
> 只要秉持利人、感恩，
> 犧牲奉獻之精神來推廣，
> 要在此獲利更不成問題。
> 我將於各地成立健康養生中心，
> 即我們利人團隊的另類會場。
> 我此在慎重宣誓有生之年所賺取之財富，
> 全部投入公益事業，
> 包括大家共管的造鎮式養生村。
> 願更多善心人士一起投入。

　　「阿芳」在上開的宣誓中敘述了他未來的目標，願意將自己經營的利潤全部投入「公益」，幫助弱勢，希望志同道合者共襄盛舉。「阿芳」說「讓好人做好事，將有好生活回報，才

能讓更多人願意回饋社會。」這也是造就「自利利他」的良性循環。

未來，「阿芳」計畫在全省各地成立「健康養生中心」，以全方位、全系列的整體養生概念，從飲食、養生、運動、健康講座開始，到心靈輔導，都有專人規畫與服務，推出短、中、長期的住宿方案，讓失去健康的人，能在最短期間內恢復健康。

另外，對於台灣的米食革命還是持續進行，「阿芳」也計畫在各地成立「社區廚房」，免費提供特製的碾米機供大眾使用，推廣食用破壁糙米「鮮活米」的風潮，讓大眾迅速改變體質，鼓勵國人以正確健康的飲食方法，創造由裡到外，身心靈都能夠健康、零汙染的生活內涵。

事實證明數十年來「阿芳」所做的事情，都是對大眾健康有利益的。計畫中的「健康養生中心」將選定好山好水的休閒農業區域，以環境清幽，空氣新鮮，水質優良，為考量的主要因素。「阿芳」表示，未來將優先選定庭院規劃完善的農舍，附設零汙染有機菜園，作為基地，不但提供入住者健康安全的蔬菜水果，還讓入住者做「開心農場」的主人，親自耕種，享受快樂的農村生活，這是全方位幫助身心靈成長的健康養生園地。

總之，「阿芳」規劃成立「健康養生中心」，將從無毒零汙染的蔬果開始，搭配破壁糙米「鮮活米」的飲食，到去痧理氣、整體健康調節，和「氧化還原信號分子」的養護計畫，以全方位、全系列的調理，讓大眾迅速、有效地恢復健康，重拾

幸福快樂的時光。

　　「阿芳」與筆者理念一致，合作多年，熱心推動台灣的米食革命，提倡正確健康的飲食方式，未來「健康養生中心」成立之後，亦將持續以此概念來調理入住者的健康飲食，從根本來改善身體健康，獲得身心靈的新生樣貌。歡迎讀者加入「證馨的健康教室」，互相傳遞交流健康訊息。

●LINE ID：0922650968
●電子信箱為：a0922650968@gmail.com

創造自我的價值

生命的現象虛虛實實，沒有互古不變的「永恆」。對於「永恆」這件大家所企盼實現的事情，「阿芳」早就已認清它的真實面，是虛幻不存在的。因此，「阿芳」矢志終其一生，不要成為名利的俘虜，他要創造不一樣的人生價值。

「阿芳」就是這樣一個淡泊名利，以大眾健康為念的平凡人，卻在平凡中創造了不平凡。「阿芳」這份使命感讓他背後總是有一股強大的力量，支持著他那日漸老化、彎曲變形、瘦弱的雙腳，能夠藉著毅力和拐杖，一步一步往前行。

小兒麻痺症的後遺症終其一生是無法逆轉的，會讓「阿芳」走路越來越吃力。但「阿芳」不單是用腳走路，他是用生命在走路，以全部的生命來走出一條與眾不同的道路。「阿芳」在汗水與淚水交織的人生行旅中，未曾被苦澀和磨難擊倒過，他的臉上總是掛著平凡的笑容，像夏日的陽光一樣燦爛明亮，照耀著美麗的山河大地。

「阿芳」，我五歲時就認識他了。

他的「翻身」不像小嬰兒，不是時候到了，就自然會翻身。「阿芳」的「翻身」是用彎曲變形的雙腳踩著崎嶇的山路，非

常吃力地向山頂前進，歷經無數的艱難險阻，最後才攀爬到生命的顛峰，實現了自己的理想。

「阿芳」的身體是殘障的，但是「阿芳」的內心從未生病過，他的內心比任何人都還要健康、還要強大。

> 對生命勇敢
> 對生命負責
> 不向命運低頭
> 不放棄對人們的愛

──這是「阿芳」生存的信念和價值

跟失敗的人反方向，持續做對的事情，成功必會降臨。「天生我材必有用」，只要自己不放棄，就沒有人能夠將你我擊倒，讓我們的社會未來能夠出現更多的「阿芳」。

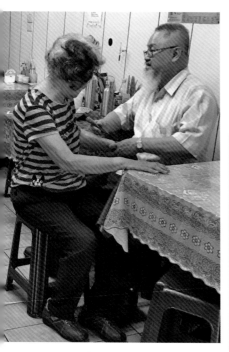

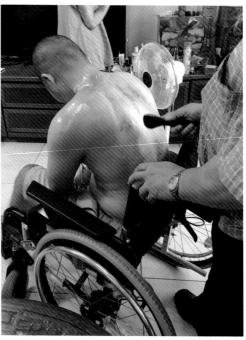

阿芳經常南北奔波義診

108 年夏天「阿芳」受邀到美國舊金山、墨西哥坎昆旅行，並接受總公司的表揚。

53

阿芳受邀到台東指導養生方法，為民眾刮痧理氣，並關心出售公益彩券的殘障朋友生計

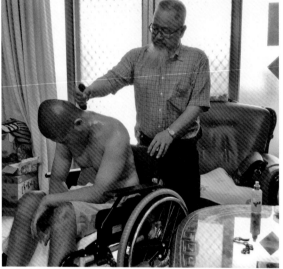

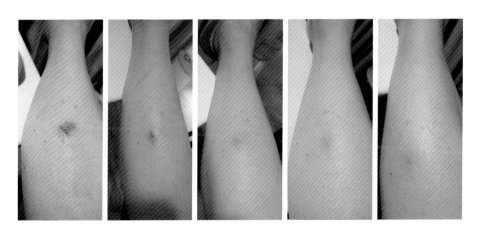

蟲咬的傷口紅腫，塗抹阿芳給的凝膠七天後痊癒，不留痕跡。

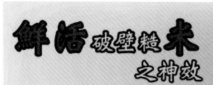

現代文明病的救星

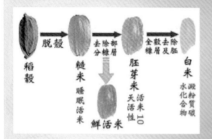

有發芽米的完全活性

（透過烹煮過程鮮活米粒粒皆發芽，此為活性證明）

含豐富膳食纖維

（促進腸子蠕動，易消化好吸收）

以下為佐證資料：2012年9月27日 星期四
【記者陳玲芳台北報導】

台大農化系研究發表「糙米活性成分的藥理功能」
防癌「糙」厲害 比保健食品有效

有糙米的所有優點（全然的米營養）

1. 排泄體內的有毒物質
2. 輔助其他營養素的吸收
3. 培育對人體有益的細菌
4. 提高人體免疫力
5. 合成維他命
6. 抵制對人體有害的惡菌
7. 縮短糞便通過腸內的時間（解除便秘）
8. 減低大腸的內壓
9. 降低膽固醇與中性脂肪的血中濃度
10. 預防與改善肥趨
11. 使尿毒氮（BUN）正常化
12. 促進糖質的代謝，使血糖值正常化
13. 可適當均衡地攝取微量元素
14. 平穩情緒，強化記憶力
15. 促進兒童的發育與成長

台大農業化學系主任教授黃良得建議，只要天天食用糙米飯，即可讓稻米中的活性成分在人體內發揮「藥」效，成為比任何保健食品都有效的天然防癌食物。

研究指出，糙米中的機能性成分有不可思議的「藥理」功效；尤其學界稱作T3的生育三烯醇，其抗癌活性最高，研究報告指出於腸胃癌、肝癌、皮膚癌、子宮頸癌與乳癌等癌細胞，均有良好的抑制增生功效。面對肥胖、營養不均衡、三高（高血壓、高血脂、高血糖），人人談癌色變。

黃良得教授表示，唯有天天食用糙米，才是追求健康的王道，因為研究顯示，只要每天食用兩百公克的糙米，就可以防癌、抗癌，解決現代人慢性病的問題。

註：200公克的糙米，大約可煮出糙米飯三碗。

台大農業化學系黃良得教授建議，只要天天食用糙米飯，即可讓稻米中的活性成分在人體內發揮「藥效」，成為比任何保健食品都有效的天然防癌食物。

鮮活破壁糙米與白米的營養比較

（以下的數值都是一百公克中的含量，單位：mg）

		鮮活胚芽米	白米	功能與作用
1	鈣質	38	17	淨化血液，形成骨骼
2	磷	332	少許	形成腦神經必要成分，並且能使記憶良好
3	鐵	2	幾乎沒有	防止貧血，製造紅血球的成分，強化骨骼
4	鎂	75	少許	有助於骨骼細胞強化
5	維他命 B1	120-500	54	不足時會引起鮮氣、疲勞腦力衰退鈍
6	維他命 B2	66	33	淨化血液，形成骨骼
7	泛酸	1,520	750	使腦筋良好，不足將導致皮膚病
8	葉酸	20	16	缺乏時導致貧血，白血球減少
9	維他命 B6	620	37	多含於胚芽、酵母被應用於治療酸毒症
10	維他命 K	10,000	1,000	不足時易引起血液凝固
11	維他命 E	少許	無	不足會導致不孕，以及男人精力不足
12	芋酸	4,100	1,000	不足會引起皮膚病、肺炎、下痢、神經痛
13	生物素	12	8	不足會引起脫毛、步行困難
14	肌醇	12,400	114	能夠使腸胃的運動正常
15	食物纖維	1,000	300	幫助腸胃蠕動，去除宿便

鮮活破壁糙米的煮法

免洗、免泡的鮮活米—營養滿分

一、SG萬用廚鍋---最簡單

煮粥法---米與水的比例=1:10

煮飯法---米與水的比例=1:1.4

二、電子鍋--- 免洗請浸泡半小時

煮粥法---

米與水的比例=1:7

煮飯法---

米與水的比例=1:2

二、電鍋---

煮粥法---米與水的比例=1:7

◎十人份大電鍋---

外鍋放七杯水，可一次倒入

◎六人份小電鍋---

外鍋放七杯水，分兩次倒入

煮飯法---米與水的比例=1:1.5

（外鍋放兩杯水）

★鮮活米拆封後，請一次煮完，吃不完再蒸不失活性★

貼心小叮嚀：除了使用電子壓力鍋外，鮮活米請免洗以熱水泡半小時

研究報告顯示糙米對於腸胃癌、肝癌、皮膚癌、子宮頸癌與乳癌等癌細胞，均有良好的抑制增生功效。

健康快速，
無油煙拿手菜

吃出營養
吃出健康
吃出美麗

　　假日打開電視頻道，會發現美食節目眾多，紛紛誘惑著大眾的味蕾，但幾乎都是介紹冰品、甜點、油炸、燒烤或煙燻的食物。這些食品好吃、好賣，卻是健康的殺手。大部分業者缺乏健康飲食的觀念，總是以高溫油炸和燒烤的料理方式，推出高糖、高鹽、高油脂、高熱量的食品，來迎合消費者的口味，而錯誤的飲食會導致人體血脂（含三酸甘油脂、總膽固醇、高密度膽固醇、低密度膽固醇）、血壓、血糖的控制不良，形成三高現象，甚而出現肥胖、脂肪肝、糖尿病、心血管疾病、中風、癌症等文明病，危害健康。

　　種瓜得瓜，種豆得豆，我們日常飲食吃進什麼食物，身體就出現什麼反應，這是很自然的現象。俗話說「病從口入」，像胃癌、肝癌、大腸癌、膽囊癌、胰臟癌等消化道的疾病，和飲食不當有極大的關係。高溫油炸和燒烤煙燻的食物，因梅納反應的作用造成色香味的變化，並產生「苯並芘」和「丙烯醯胺」的致癌物，特別是焦黑食物內含致癌物質「雜環胺」，應避免攝食。

　　除此，醃製的食物內含硝酸鹽進入體內，經過消化作用會轉化成亞硝酸鹽，若與含胺類食物（如：干貝、鱈魚、秋刀魚、柴魚、魷魚乾、章魚、蝦米乾、魷魚絲、番茄及香蕉等）結合

會形成亞硝胺，是世界衛生組織所列的致癌物。另外，葉菜類蔬菜較易殘留硝酸鹽，醫界已證實青菜所含的過多硝酸鹽會轉化為亞硝酸鹽，阻礙紅血球攜氧功能，造成身體產生疲倦感和體力不足的現象，若再與含胺類食物一起食用，會產生致癌物質亞硝胺，不利健康。因此，生活中處處皆有食安的陷阱，我們必須小心來防範。

二十多年前鄭正勇和林碧霞兩位農業博士就在農業界默默的奉獻，向農友宣導降低蔬菜硝酸鹽的產生。國內主婦聯盟對於蔬菜硝酸鹽的重視與訴求不遺餘力，呼籲政府定期的抽驗市售蔬菜硝酸鹽含量，並公布檢驗結果。所以，葉菜類煮食的方法最好是用水川燙過，例如本書所介紹用「水」炒菜，而不用「油」去炒菜，最後剩餘的湯汁倒掉不吃，且蔬菜要煮湯或吃火鍋前先川燙過，不要直接下鍋，就是去除蔬菜硝酸鹽的好方法，如此才能確保身體的健康。

此外，已故的毒物專家林杰樑醫師表示，加工食品例如香腸、臘腸、臘肉、培根、火腿、肉類罐頭，或是海產醃漬品為了保色與防腐，會加入「亞硝酸鹽」，若與養樂多、優酪乳等活菌食品同時一起吃，會形成亞硝胺，所以兩者最好間隔四個小時以上再吃。

總之，生意人以營利為目標，消費者好吃方便就好，造成危及健康的後果。真正懂得營養學，具有健康知識和企業良心的飲食業者，少之又少。因此，減少外食，走入廚房，學習無油煙料理，以快速方便的方法來為家人的健康把關，才能吃出營養，吃出健康，也吃出美麗；這是本書【無油煙拿手菜】推出的最大心願。

親愛的，為什麼不愛下廚？
～我來解救妳

　　「外食」在現代社會雙薪家庭或單身男女是相當普遍的現象，既方便又省事，但卻因有些商家食材的來源不安全，或烹調方式的錯誤，讓表面上看起來可口美味的餐點暗藏了許多危機，不是用高溫油炸、用高鹽、高鈉、高脂、高糖來調味，就是食材纖維含量過低，不正確的飲食結果，形成健康的一大威脅。所以，追求健康根本之道就是儘量減少外食的次數，學習簡易的烹飪方法，自己動手做，在家吃飯，既經濟又安全，也更能夠享受家庭的溫暖。

　　不愛下廚的原因很多，主要就是烹飪過程麻煩又辛苦，加上油煙薰人，讓不少人視下廚為畏途。其實，用對了方法，烹飪一點都不累，不但過程簡易，善後也不難，反而廚房是個人

無油煙拿手菜好吃的秘訣是善用香料如檸檬香茅、九層塔、香椿、迷迭香、紫蘇、刺蔥等，滿足味蕾的享受。

創意發揮的場所，美食藝術的殿堂。如何能夠喜歡下廚呢？首先要學習「無油煙料理」，捨棄傳統大火快炒的方式，廚房不油膩，不會吸入油煙傷害肺部，做菜也可以優雅的進行，愉快地享受烹飪的成就感。筆者推廣無油煙料理二十多年，主張善用香料和調味料與烹飪的技巧，食物同樣能達到美味可口的效果，這種方法已逐漸為國人所接受。

「無油煙料理」的秘訣在於：接受正確飲食新觀念、善用

透明的耐熱玻璃鍋是高科技的理想好鍋，導熱快、省能源。市面上幾乎都是進口的品牌，一般小家庭選擇 2.5 公升的容量最適合。

鍋具、善用調味料或香料、善用冷凍庫、有效率管理冰箱、食材以保鮮盒分裝保存、現煮現吃隔餐不吃，能夠養成這些好習慣的話，廚房就是健康的發源地。

　　「無油煙料理」的鍋具最好是採用透明的耐熱玻璃鍋，導熱快、省能源，烹飪過程清晰可見，容易掌握煮食的時間。特

學習無油煙料理的方法，同樣可以做出美味的佳餚，滿足家人的食慾，還能保障煮食者的健康，好處多多。

別是「水炒菜」的時候，透明的玻璃鍋最能掌握起鍋的時間點，讓水炒的青菜脆度、鮮度與油炒的青菜相當，「無油煙料理」也更容易為人所接受。所附的照片菜餚全都是採用「無油煙料理」，廚房完全沒有油膩，一塵不染，善後清潔輕鬆愉快，這樣就不會害怕下廚了。

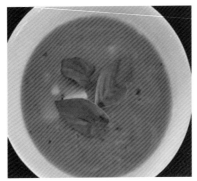

無油煙料理的過程簡單快速，營養不打折，省時又省事，善後清潔輕鬆愉快，這樣就不會害怕下廚了。

［ 一起來水炒菜 ］

大家一定很好奇，「水」也能炒菜？

二十多年前，台灣「有機」概念剛萌芽時，「有機世界」有限公司創辦人謝玉柳女士為了國人的健康，和創造台灣農業的前景，及為實現「大地有生機，人間成淨土」的理想，率團赴美國觀摩學習有機農法，筆者有幸參與此行，認識先進國家有機耕種與認證之發展。之後筆者隨同「有機之母」謝玉柳女士在台灣本土舉辦義診、健康講座、有機美食園遊會等，從南到北一起推廣有機食品，鼓勵農民有機耕種，鼓勵民眾攝食有機食品，並於中國廣播公司教育網製作一系列的節目，教導民眾認識有機食品，及慎選零汙染的有機食品，藉由食物的療效來恢復身體的健康。筆者在節目單元「有機媽媽教室」中主講「有機美食」的作法，所推廣的「水炒菜」也陸續為人所接受，甚至國外華人圈的烹飪教學也採用「水炒菜」的方法，只要善用鍋具和鍋蓋，把「水」代替「油」來炒蔬菜，或者烹煮其他食材，就沒有高溫致使油品變質的危險，做菜不會吸入油煙，不必清洗油鍋，輕輕鬆鬆下廚，這是無油煙料理最大的好處，最能夠解決主婦長久以來烹飪的困擾。

中華廚藝幾千年發展下來，「大火快炒」成為傳統料理的主要方法，大家認為炒青菜一定要「大火快炒」，才會青翠好吃，但油煙溫度過高會產生「苯並芘」，人體吸入後會增加罹患肺癌的風險。如果有方法同樣能達到讓青菜青翠好吃的效果，而沒有油煙吸入、油品變質的風險，相信大家會樂意嘗試。

「水炒菜」的步驟如下：

①青菜洗淨切段瀝乾，調味的蔥薑蒜末一起切好備用。

②準備透明的耐熱玻璃鍋或任何鍋具皆可，視菜量多寡放入適量的水，通常是 1 碗至 2 碗的水量，先用大火加熱，至水滾後倒入青菜，蓋上鍋蓋，待底層的青菜稍微軟化之後，打開鍋蓋，上下翻動拌勻，再蓋上鍋蓋繼續燜煮。

③從透明鍋身中看到翻到底層的青菜亦軟化時，倒入蔥薑蒜末，再加入鹽調味，拌勻後立即熄火起鍋盛入盤中，菜汁瀝掉不要吃。

④盤中倒入橄欖油或葡萄籽油、苦茶油等，用筷子將油與青菜拌勻，盤中央留出空間讓熱氣散出，青菜就不會變黃，即可上桌食用。

　　「水炒菜」的優點如下：

　　1. 油品加熱到攝氏 175 度即容易變質，由於水的沸點是攝氏 100 度，「水炒菜」溫度最高也是 100 度，食用油是起鍋之後再加入，食用油沒有經過高溫作用，不會產生變質與毒素。此外，由於烹飪時間快速，食物的營養素可以較完整保存，不會被破壞。

　　2. 有的人會在起鍋前把食用油倒入鍋中拌勻，而不喜歡洗油膩鍋具的人，可以起鍋之後才在盤中淋上油拌勻。好處是：鍋具沒有油，用清水清洗即可，十分省事。這樣就不會覺得下廚是苦差事，這個方法對於怕麻煩的人最為方便好用。

　　3. 「燙青菜」是整鍋的水去燙熟，費時費力，而「水炒菜」不同於「燙青菜」，只是用少量的水來炒菜，可以節省能源和時間，青菜的脆度和口感較能掌控。若能經常練習，時間掌握

得宜的話，「水炒菜」的美味並不會輸給「油炒菜」。喜歡青菜口感帶脆的人，不要讓水氣把青菜燜太軟，可早點起鍋，喜歡吃軟爛青菜的人，可晚些起鍋，各取所需。

4. 有人食用青菜的方式是無油無鹽，認為這樣很養生，其實這是錯誤的。過去生機飲食業者提倡少油少鹽的觀念，並不適當，特別是對高齡的糖尿病患者會造成骨骼肌質量與強度的流失，身體活動力變差，增加跌倒、失能的風險，產生惡性循環而危害健康。健康正確的飲食觀念是食物多樣化，營養均衡攝取，適鹽適油，適量的鹽分才能維持電解質的平衡，適量的油脂才能讓脂溶性維生素和植化素為人體所吸收，並幫助消化，避免便秘，增進抗氧化的能力。

[簡單易學～莎莎醬]

【莎莎醬】的英文是 Salsa Sauce，原本是墨西哥酸辣口味的酸辣醬，用來沾捲餅或麵包吃，因為做法簡單，滋味酸中帶辣，在熱帶地區非常受到歡迎。南洋地區也是流行用【莎莎醬】來調味，它除了可作為餅類和麵包的沾醬之外，用來拌麵或拌青菜，也都很適合。

【莎莎醬】的材料大致上有番茄、洋蔥、甜椒、蒜頭、香菜、醋、檸檬皮、檸檬汁、鹽、胡椒、辣椒醬（例如 Tabasco 辣醬），調味用油以橄欖油或葡萄籽油為宜。

【莎莎醬】的作法有兩種，一種是涼拌，材料切好後拌上調味料，放在冰箱 2-3 個小時就可食用，另一種是油炒，方法如下：

①番茄、洋蔥、甜椒切丁，蒜頭、香菜切碎，檸檬削點皮切碎，再將檸檬榨汁備用。涼拌的作法是將番茄內的果肉先去除，只留皮切丁，才不會生水，油炒方法就不必去除果肉。

②橄欖油或葡萄籽油以小火加熱，倒入番茄、洋蔥、甜椒、蒜頭去炒熟，續放檸檬皮、香菜、醋、鹽、胡椒、辣椒醬，起鍋前倒入檸檬汁拌勻，起鍋後放涼擺入冰箱冷藏，可保存 2 至 3 天。若一次量多可分小包裝放入冷凍庫保存，要吃再取出退冰一下，非常方便。

③拌麵的吃法十分簡便，可以將【莎莎醬】當成涼麵的拌醬，再酌加鹽和食用油即可。另外，亦可在水炒菜上面淋上【莎莎醬】，不但色澤鮮美，口感酸辣，讓單調的炒青菜增添了些許南洋風味。

④喜歡稍甜口味者可加入少許糖蜜或砂糖，喜歡地中海口味者可加入義大利香料、迷迭香、羅勒等香草調味料，或者添加少許奶油來增加香氣，隨個人的喜好來調整，都有不錯的滋味。

在水炒菜上面酌加【莎莎醬】搭配食用，增添南洋風味。

［輕輕鬆鬆～水煮蛋］

　　蛋的營養成分蛋白質含量頗高，全素者因不吃蛋，身體欠缺的色氨酸、維生素 B12 等，必須額外補充，否則容易造成營養不均衡。而蛋奶素者若能每日早餐食用一顆水煮蛋，就能從蛋中去攝取脂溶性維生素 A、D、E 和水溶性維生素 B、蛋白質、膽固醇、類胡蘿蔔素、脂肪酸、葉黃素等，不但營養均衡，更是良好體力的最佳來源。

　　鼓勵吃水煮蛋的原因是，水煮蛋能保留最完整的維生素，且蛋白質消化率高達99.7%，方便快速。只需要電鍋、蒸盤就搞定，不必用傳統的冷水去煮，耗時又易煮破，最適合忙碌的現代人。

水煮蛋的作法很簡單，最適合上班族早餐食用。

【水煮蛋】的作法：

①蛋 1-2 個洗淨，放入電鍋的蒸架上，蓋上鍋蓋，外鍋加入 1/2
杯電鍋量杯的水，直接按下電鍋按鍵。待電鍋按鍵跳起之後，
不要馬上打開鍋蓋，讓蛋燜著約 10 分鐘後，取出蛋泡入冷水
中剝掉蛋殼，蛋殼就不會黏住蛋白，成為軟嫩可口的水煮蛋。

②如果需要快速將蛋蒸熟，或者蒸蛋的數量增加了，外鍋可酌加
約 1 杯電鍋量杯的水，就可減少燜的時間。

［好吃好做～南瓜兩吃］

　　南瓜又名北瓜、金瓜，含有豐富的維生素 A、B、C、胡蘿蔔素、鈣、磷、蛋白質和澱粉。南瓜雖然是甜味的蔬菜，但含有的微量元素鉻和鎳，對於糖尿病具有療效，及含有豐富的纖維質可延緩小腸對糖分的吸收，惟糖尿病患者仍須適量攝取南瓜，不宜過量，否則血糖還是會控制不佳。南瓜的料理除了清蒸、煮湯之外，作成麵條和脆餅也是非常簡便而不麻煩的料理。

南瓜含有的微量元素鉻和鎳，有助於控制血糖，但不宜大量食用。

【南瓜麵】的作法：

①南瓜洗淨切塊放入電鍋蒸熟後取出，去掉外皮搗爛拌入麵粉中。

②麵粉採用全麥 1/4、中筋 1/4、高筋 1/2 的比例，加少許鹽，拌勻揉成麵糰，包上保鮮膜來醒麵約一小時，視氣溫的高低縮短或延長，但勿用不鏽鋼或鋁製金屬器皿放置麵糰，以免影響醒麵的效果。

③醒麵完成之後，取出來揉麵，撇成長條大片，正反兩面撒上麵粉，摺疊起來用菜刀切成麵條狀，即可下鍋煮麵，乾拌、炒麵或煮成湯麵均可，南瓜麵色澤優美，增進食慾，健康美味。

【南瓜脆餅】的作法：

①同上述步驟完成麵糰、醒麵後，將南瓜麵糰分成小塊，揉成小圓球狀，再用麵棍擀成圓形薄片狀，類似水餃皮的大小與厚度。

②小烤箱預熱 5 分鐘之後，放入圓形的南瓜麵皮，待正面麵皮烤熟出現鼓起的圓泡，翻面續烤，直到表面呈微黃狀即可取出放涼。

③放涼之後的南瓜脆餅脆度更高，上面可抹上蜂蜜或果醬、奶油，放上少許堅果，就完成營養健康的南瓜脆餅了。

［皮 Q 餡嫩～手工水餃］

一般人到超市會習慣去選購冷凍水餃，放在家裡冷凍庫存放，以備不時之需。但市面上機器大量生產的水餃，皮薄餡少顆粒又小，口味千篇一律，容易生膩。其實平時可以自己動手調製內餡，製造口味豐富的手工水餃，冷凍起來當作存糧，衛生又方便。

如何煮手工水餃，才能享受【皮 Q 餡嫩】的口感呢？

【手工水餃】的作法：

① 準備一深鍋的水，先將水煮開後，水餃不必退冰，直接將冷凍水餃放入鍋內去煮，用筷子攪動水餃，以免黏住鍋底，再蓋上鍋蓋。記得鍋蓋一定要蓋上，否則水餃皮容易過熟軟爛。

② 待水開後再加入一杯冷水續煮，蓋上鍋蓋，重複相同動作三次，如此水餃內餡會熟透，而水餃皮不致於過熟變糊。

③ 待水餃熟透浮出水面後撈起，加上少許麻油、醬油、黑醋、蔥末、薑末或蒜末，請趁熱食用，若放涼後再食用的話，水餃的外皮會較硬而影響口感。

透明的玻璃耐熱鍋加熱快速，省能源，鍋內煮食狀況可一目了然，容易掌握。

④亦可加入其他食材或蔬菜煮成湯餃，加強湯頭的調味，更能使水餃內餡的清香顯現出來。還可以利用平底鍋鋪排水餃，添加麵粉油水，蓋上鍋蓋蒸熟後，打開鍋蓋讓水逐漸蒸發，以燒乾方式把水餃煎成底部微焦酥脆後，倒扣入盤中，即是可口美味的煎餃。

利用煮水餃剩餘的熱水燙些青菜搭配食用，營養更均衡。

作煎餃的方法非常簡單，用平底鍋煎冷凍水餃無需事先解凍，鍋熱之後排上水餃，淋上調好的麵粉油水，蓋上鍋蓋讓水餃內餡與外皮蒸熟，移開鍋蓋後，因鍋底有麵粉會微焦，鍋底有油會酥脆，產生美味和口感。

［嚐過金棗蘿蔔糕嗎？］

　　蘿蔔糕一般人都愛吃，不論台式、港式都普受歡迎。自己動手做蘿蔔糕非常容易，只要把握幾個要領，成功率極高，最重要的是可隨心所欲來變化口味，不限於台式、港式，只要有益健康的食材都可入味。例如利用宜蘭冬季盛產的金棗來製作【金棗蘿蔔糕】，有金棗鮮美甘甜的滋味，而不會搶走蘿蔔的清香，十分可口。

如何做【金棗蘿蔔糕】呢？

①將金棗皮肉分離，果肉不用，只取果皮切碎備用。

②市售現成的在來米粉一包約 500 ～ 600 公克，以 5 ～ 6 杯冷水調開，攪拌均勻成為在來米糊漿。

③蘿蔔 800 ～ 1200 公克削皮刨成絲狀，加上 400 ～ 600 公克的水以中火煮開燜熟，加入金棗皮續煮，用適量鹽、胡椒、黑胡椒、義大利香料調味，轉成小火後，倒入調勻的在來米糊漿，以鍋鏟不斷地拌勻，讓米漿與蘿蔔絲混而為一，水量若過少可加熱水續調，水量若過多可酌加在來米粉或杏仁粉、黃豆粉續調。當米漿逐漸形成黏稠而難以攪動，而呈現膏狀時，將米漿倒入鋪好蒸布的電鍋內鍋中，上方壓平即可放入電鍋去蒸。

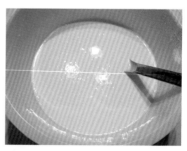

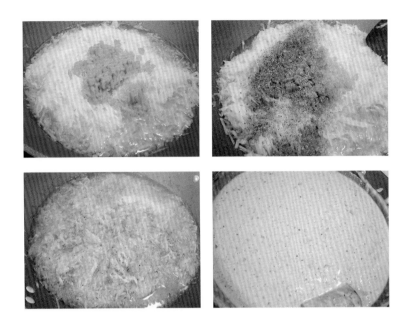

④電鍋外鍋放 4 至 5 杯水，不需蒸盤，直接將盛有米漿的內鍋
放入電鍋去蒸，待按鍵跳起之後 60 分鐘，再以筷子插入蘿蔔
糕中測試，若筷子沒有沾附米漿的液體，即為蒸熟的狀態，
此時可整鍋取出放涼，待完全冷卻後再倒扣盤中取出蘿蔔糕，
如此才不致於變形，也才能順利切片。若筷子還有沾附米漿
的液體，則外鍋再酌加水續蒸。

⑤製作完成的蘿蔔糕以清蒸沾醬或油煎食用均可，沾醬可以自製多樣化的口味，前面介紹的莎莎醬是不錯的選擇。還可以搭配蔬菜、菇類或豆腐等食材，煮成蘿蔔湯糕（本書後有介紹），均能呈現清爽味美的風貌，值得一試。

蘿蔔糕不一定要用油去煎，也可以搭配其他食材用蒸的，淋上義大利香料醬汁，調理快速，清爽美味，完全不油膩。

［南瓜米粉］

【材料】(4 人份)

南瓜 400 克、芹菜 300 克、乾海帶芽 10 克、乾米粉 250 克、大香菇 6 朵、蛋 2 個、開水適量

【調味料】

橄欖油 8 大匙、醬油 2 大匙、糙米醋 2 大匙、鹽 2 茶匙、芝麻鹽少許

【作法】

①米粉用冷開水泡開，香菇、海帶芽泡軟切絲，芹菜切段。

②南瓜洗淨外皮，連皮連籽刨成絲狀。以 2 大匙的橄欖油快炒，約 40 秒後盛起。

③再用 6 大匙橄欖油以中小火炒香菇，炒香之後倒入蛋汁、海帶芽、芹菜同炒，最後再放入米粉翻炒，加入調味料和適量開水，待湯汁收乾立即起鍋，放上南瓜絲即可食用。

④食材爆香不需要用大火去炒，可蓋上鍋蓋，用中小火即可以油爆香，不要讓油煙充斥廚房，吸入肺部，以保障煮食者的健康。

［健胃補心～養生粥］

【材料】(4 人份)
山藥 200 克、小薏仁（即洋薏仁、珍珠麥）1/3 杯、黑野米 1/3 杯、
小米 1/3 杯、乾白木耳 10 克、枸杞 20 克、黑棗、桂圓、栗子各 10 粒

【調味料】
糖蜜（或黑糖）適量、鹽少許

【作法】

①黑野米、小薏仁、栗子洗淨，用水浸泡 6 小時。

②山藥去皮刨絲，白木耳泡開切碎。

③鍋中放入小薏仁、黑野米、小米、枸杞、黑棗、桂圓、栗子，加進適量水分，以電鍋煮熟。電鍋按鍵跳起後，燜 20 分鐘，再將山藥、白木耳加進去拌一下，若太稠可酌加熱開水，然後外鍋再放一點水，按下電鍋按鍵續煮，待按鍵再度跳起，加入適量糖蜜（或黑糖），攪拌均勻。不喜甜食者，只需添加適量的鹽即可食用。

貼心叮嚀

1. 「粥」又稱「糜」或「稀飯」，簡單易煮好消化，最適合病人和老年人補充元氣食用。「粥」好吃的秘訣在於以生米直接熬煮成粥，而非先煮成乾飯再熬煮成粥，兩者口感差異甚大，利用電鍋來煮粥，是忙碌上班族準備晚餐的好幫手。

2. 養生粥具有食療作用，主因是山藥能調整腸胃功能，緩和神經衰弱。黑野米富含鈣質，補腎氣，治鼻子過敏。小薏仁又稱洋薏仁、珍珠薏仁、珍珠麥，其實是大麥仁，並不是薏仁。小薏仁不同於大薏仁，大薏仁較不易煮軟爛，但所含薏苡素、薏苡醇和多種胺基酸具抗癌功效。白木耳潤肺生津，枸杞明目補血、強化筋骨，桂圓補心養血，安定神經，黑棗補血益氣，調和內臟。

［創新吃法～六合湯糕］

【材料】(4 人份)

蘿蔔糕 350 克、綠色蔬菜 100 克、胡蘿蔔 50 克、新鮮香菇 50 克、洋菇 50 克、木耳 50 克、白昆布（或海帶芽）少許、水 2 杯半

【調味料】

橄欖油 1 大匙、醬油 1 大匙、麻油 1/2 茶匙、芝麻醬 1 茶匙、芝麻鹽少許

【作法】

① 蘿蔔糕切成兩公分寬的長柱狀，裝盤以大火蒸五分鐘。

② 胡蘿蔔、香菇、木耳切細絲狀，洋菇對切成兩半。

③ 鍋中放 2 杯半冷水煮開，倒入②的材料，續煮 3 分鐘，加進綠色蔬菜、海帶芽和調味料，拌勻後熄火。

④ 大碗盛裝蒸好的蘿蔔糕，倒入③的湯汁，以白昆布裝飾即可食用，若無白昆布則以海帶芽取代，與綠色蔬菜同時入鍋煮熟。

蘿蔔糕是老少咸宜的好食材，油煎香酥美味，若不喜油膩者，可以煮成湯糕，滑嫩可口。

貼心叮嚀

1. 一般蘿蔔糕的吃法是油煎，將表面煎黃搭配沾醬食用，不喜油膩者可以煮成湯糕，滑嫩可口，老少咸宜。

2. 蘿蔔盛產的季節不妨自己動手做蘿蔔糕，簡單經濟，也可加入金棗做成「金棗蘿蔔糕」，前已介紹做法，新鮮味美，非常特殊。

［雙椒炒飯］

【材料】（4 人份）

黑野米 1/2 杯、白米或糙米 2 杯、青椒 100 克、紅椒 100 克、胡蘿蔔 100 克、玉米粒 100 克、大香菇 4 朵、薑少許、豌豆芽少許

【調味料】

橄欖油 5 大匙、醬油 3 大匙、番茄醬 4 大匙、蘋果醋 2 大匙、麻油 1 大匙、糖少許、芝麻鹽少許

【作法】

①黑野米浸泡六小時，加上白米（或糙米）和 3 杯水，電鍋外鍋放 2 杯水，煮成黑野米飯。

②青椒、紅椒、胡蘿蔔、香菇切成小丁狀，薑切碎成薑末。

③起油鍋，以小火炒香薑末和香菇之後，放進青椒、紅椒、胡蘿蔔和玉米粒續炒，可蓋上鍋蓋，接著倒入黑野米飯，加上調味料同炒，最後淋上蘋果醋、麻油，拌勻即可起鍋。

雙椒炒飯食用時可搭配新鮮豌豆芽，若是有機零污染的芽菜可生食，否則先川燙一下再食用為宜。

［ 百吃不膩～咖哩飯 ］

【材料】(4 人份)
黑野米 1/4 杯、糙米 1 杯、白米 1 杯、胡蘿蔔 150 克、馬鈴薯 150 克、黑木耳 150 克、新鮮香菇 150 克、洋蔥 200 克、煮熟的白豆 400 克、開水 7 杯

【調味料】
橄欖油 2 大匙、醬油 4 大匙、咖哩粉 3 大匙、麻油 1/2 茶匙、糖蜜 2 大匙、馬鈴薯碎片 6 大匙、芝麻鹽少許、咖啡粉少許

【作法】

①黑野米、糙米浸泡六小時左右，混合白米，加上 3 杯水，以電鍋煮成乾飯。

②胡蘿蔔、香菇、黑木耳、洋蔥、馬鈴薯切成丁狀。

③鍋中放入 7 杯水，煮開後倒入②材料，以中火煮熟後，再倒入事先煮熟的白豆，加上調味料拌勻，即成咖哩醬汁。將咖哩醬汁淋在飯上，搭配新鮮芽菜食用。

添加少許咖啡粉可增加咖哩醬汁的香氣和風味，也讓食材的色澤更加優美，促進食慾。

貼心叮嚀

1. 咖哩粉是很好的抗氧化食材，依照個人喜好可自由調配成分，市售咖哩粉大致上由紅辣椒、薑、丁香、肉桂、茴香、肉豆蔻、黑胡椒和薑黃粉等香料所組成，通常粉狀調味料不適合放在冰箱的冷藏室，容易受潮，建議存放在冷凍庫較妥當。市面上另有現成的咖哩塊配方，對於忙碌的上班族是很方便的調味聖品。常吃咖哩可以降低細胞的發炎，薑黃素可以幫助沉澱腦部的有毒蛋白質，預防阿茲海默症，還可降低膽固醇，因此研究學者建議每週可吃 2～3 次的咖哩來維持健康。

2. 糙米富含維生素 B 群、維生素 K，及微量元素鉻、硒、鋅、鈣，防癌、抗癌，以咖哩醬汁搭配，能讓較不喜歡糙米口感的人逐漸接受和適應。

3. 糖蜜可以黑糖代替，馬鈴薯碎片可以蓮藕粉、麵粉、太白粉、葛粉代替，視個人對醬汁濃稠度的喜好斟酌使用量。

[簡單清爽～豆皮壽司]

【材料】(4人份)

黑野米2大匙、月光米2杯、豆皮10張、豌豆芽100克、蘿蔔100克、胡蘿蔔100克、酸黃瓜少許、新鮮豌豆芽少許

【調味料】

蘋果醋3大匙、糖蜜2大匙、芝麻鹽少許

【作法】

① 蘿蔔和胡蘿蔔切成滾刀條狀，先以鹽醃半小時，去除多餘水分，再以蘋果醋、糖蜜調味，放入冰箱中存放，使其入味。

② 月光米和黑野米混合，加入 3 杯水，以電鍋煮熟之後，放進蘋果醋、糖蜜、芝麻鹽拌勻，即成醋飯。

③ 豆皮以糖水用小火煮開，去除油分，並使甜味入味，再將水分瀝乾，對切成兩半備用。

④ 將調味好的醋飯包入豆皮內，撒上少許芝麻鹽，放上切片的酸黃瓜，搭配醃製的蘿蔔和新鮮豌豆芽食用。

豆皮壽司製作簡單快速，醋飯的酸度口味可自由調整，攜帶出門當餐食或點心均宜。

豆皮壽司內包的米飯可以多樣化，用紫米、黑米、薏仁、小米、
糙米、蕎麥煮成五穀飯是不錯的嘗試。

［明日葉麻醬麵］

【材料】(4 人份)

明日葉麵條 1 包（約 400 克）、地瓜葉 300 克、綜合堅果 100 克

【調味料】

橄欖油 3 大匙、醬油 3 大匙、芝麻醬 3 大匙、芝麻鹽少許、開水適量

【作法】

①將全部調味料倒入大碗中，拌勻成麻醬汁。

②湯鍋以沸水煮明日葉麵條，待麵條變軟後，熄火，蓋上鍋蓋燜7至8分鐘，使麵條膨脹才容易吸收醬汁。

③麵條撈起，以芝麻醬汁拌勻。原鍋煮麵熱水續加熱，煮沸之後放入地瓜葉燙熟，置於麵上，撒上芝麻鹽和綜合堅果，即可食用。

麻醬麵好吃的秘訣在於需添加醬油、橄欖油、開水去調出濃稠度恰當的麻醬汁，麵條本身也要膨脹能夠吸收醬汁入味。

貼心叮嚀

1. 明日葉麵條採用明日葉、蕎麥和小麥製成，明日葉含有大量的植物性有機鍺、多種維生素，如 A、B1、B2、B6、B12、C、E 等，葉綠素、胡蘿蔔素、纖維質和各種礦物質，能夠淨化血液，增加身體抗癌的能力，是優良的健康食物。

2. 麵條可以蕎麥麵、燕麥麵、全麥麵條代替，都是高纖粗食的澱粉，對血糖控制有益。

[巧味涼麵]

【材料】(4 人份)

細麵條 1 包（約 450 克）、綠色蔬菜 120 克、胡蘿蔔 120 克、新鮮香菇 120 克、豌豆芽少許、綜合堅果少許、白昆布少許

【調味料】

橄欖油 3 大匙、醬油 3 大匙、麻油 1 茶匙、芥末醬 2 大匙、蘋果醋 2 大匙

【作法】

①蔬菜切段，胡蘿蔔和新鮮香菇切絲。

②鍋中置水，煮開後將①和細麵條放入同煮，約三至五分鐘即可撈起，用冷開水沖涼，瀝乾水分，倒入深盤中。

③所有的調味料拌勻後，淋在麵上，撒上豌豆芽、綜合堅果、白昆布，即可食用。

夏日炎炎，許多人食不下嚥，胃口不開，若能在家自製醬汁特殊的涼麵，變化口味，搭配綠色蔬菜、堅果，營養均衡，也能享受美食潤口的幸福感。

［特殊口味～豆腐水餃］

【材料】(4 人份)

水餃皮 900 克（即台斤 1 斤半，約 110 張）、老豆腐（即板豆腐）4 塊、乾海帶芽 15 克、胡蘿蔔 100 克、山藥 100 克、煮熟的埃及豆（即雪蓮子）1 杯

【調味料】

橄欖油 1 大匙、醬油 1 大匙、麻油 2 茶匙、鹽 1/2 茶匙、胡椒粉、五香粉、義大利香料適量、麵粉少許

【沾料】

醬油 2 大匙、麻油 2 茶匙、番茄醬 2 茶匙、蘋果醋 2 茶匙、糖蜜 2 茶匙、義大利香料適量

【作法】

①老豆腐放入冰箱冷凍庫，約半天後取出退冰即成凍豆腐，去除水分切成豆腐丁。

②胡蘿蔔、山藥去皮刨成絲狀，略切碎。

③乾海帶芽以水泡開，擠乾水分切碎。

④煮熟的埃及豆和上述材料混合，加進調味料拌勻成水餃內餡。取出水餃皮包上內餡，完成後放入沸水鍋中煮熟，方法如前文所述。

⑤食用水餃時搭配沾料，有義大利香料的香氣和蘋果醋的酸味，口感特殊，也可搭配莎莎醬沾料，享受南洋風味。

水餃搭配不同口味的沾料，即能享受不同的口感。

貼心叮嚀

1. 關於山藥的療效，「神農本草經」和「本草綱目」都有記載。山藥能夠除寒熱邪氣、補中益氣力、長肌肉、久服耳目聰明。據國科會研究，山藥可抗菌、抗氧化、抑制癌細胞、調節生殖系統、增強免疫力。經常食用山藥可以延緩衰老，增強自體免疫功能。

2. 豆腐營養豐富，含有鐵、鈣、磷、鎂和其他人體必需的多種微量元素、胺基酸、卵磷脂、不飽和脂肪酸等，其中所含的優質蛋白，讓豆腐有「植物肉」的美名。經常攝食可降血壓、血脂和膽固醇，是優良的健康食材。

［ 清爽潤口～乾拌麵 ］

【材料】（4 人份）

通心麵 350 克、甘藍菜 400 克、胡蘿蔔 300 克、黑木耳 300 克、新鮮香菇 200 克、開水 3 杯、豌豆芽少許、葛粉或蓮藕粉適量

【調味料】

橄欖油 2 大匙、醬油 1 大匙、味噌 2 大匙、糙米醋少許、芝麻鹽少許

【作法】

① 鍋中置水燒開，放入通心麵續煮，沸騰後熄火蓋上鍋蓋燜一下，變軟後撈起，以少許橄欖油拌勻。

② 甘藍菜、香菇、胡蘿蔔、木耳切絲，以 3 杯開水炒熟，用葛粉或蓮藕粉勾茨，熄火。加入所有調味料拌勻，再淋到通心麵上，食用時以豌豆芽裝飾。

調製拌醬時需注意，勿用高溫去煮味噌，應待湯汁熄火後再倒入味噌去調勻，以免破壞味噌菌種的活性。

通心麵種類繁多，硬度高不易煮爛，需蓋上鍋蓋燜一下才會變軟並吸收醬汁。

[滑潤可口～埃及羹麵]

【材料】(4 人份)

寬麵條 1 包（約 400 克）、綠色蔬菜 200 克、胡蘿蔔 300 克、黑木耳 300 克、煮熟的埃及豆 1 杯、莧籽 2 大匙、開水 4 杯、葛粉或蓮藕粉 適量

【調味料】

橄欖油 2 大匙、醬油 3 大匙、芥末醬 2 大匙

【作法】

①蔬菜切段，胡蘿蔔、黑木耳切丁。

②鍋中置水燒開，放入寬麵條續煮，變軟後撈起，放入大碗中，以少許橄欖油拌勻，才不會沾黏成一團。

③鍋中倒入開水 4 杯，放入胡蘿蔔、木耳、埃及豆和莧籽，煮熟後加進蔬菜和調味料，用葛粉或蓮藕粉勾芡，再淋到裝寬麵條的大碗中，拌勻即可食用。

貼心叮嚀

1. 埃及豆即是鷹嘴豆、雞豆，俗稱雪蓮子，是高蛋白高醣的食物，但與天山半透、吃起來較有彈性的雪蓮（子）是不同的，而且價格和營養成分也相差很多，一般人都不太清楚。

2. 莧籽亦可用藜麥取代，莧籽富含礦物質，高鈣、高鐵、高蛋白質，與藜麥都是高營養價值的超級食物，亦可與米飯一起煮，是餐桌上亮眼的穀物之王。

[創意十足～滿天星]

【材料】(4人份)
破布子 200 克、蘿蔔葉 300 克、胡蘿蔔 100 克、香菇 4 朵、薑末少許
【調味料】
橄欖油 3 大匙、醬油 1 茶匙、糖蜜 1 茶匙、鹽 1 茶匙、開水 3 大匙

【作法】

①蘿蔔葉切成一公分的小段，用鹽去醃十分鐘後，擠乾水分。香菇泡軟，與胡蘿蔔切成丁狀。

②用橄欖油起油鍋，以小火先爆香薑末，續放入香菇、胡蘿蔔、破布子，可蓋上鍋蓋，接著以醬油、鹽、糖蜜、開水調味，最後倒入蘿蔔葉拌炒一下，立即起鍋。

蘿蔔葉具有防癌、抗癌的效果，
亦可醃製成雪裡紅。

同樣的食材可依個人喜好，使用不同的調味醬，來品嚐不同的風味，但需留意破布子的鹹度。

貼心叮嚀

1. 蘿蔔整棵都可以食用，蘿蔔葉的味道略帶辛辣和苦澀，可以防癌、抗癌，但一般人都丟棄不食，非常可惜。其實，蘿蔔葉的營養成分很高，如維生素 A、B1、B2、C，蛋白質、鐵質、鈣質，所含的消化酵素能幫助消化，強健身體。

2. 喜歡酸甜口味的，可以添加番茄醬、蘋果醋和糖來調味，若較無法接受蘿蔔葉辛辣的味道，可以用沙茶醬、香椿醬、豆瓣醬等較重的口味去調理，別有一番風味。

3. 破布子富含纖維質，有解毒與整腸、散淤與活血的功能，是台灣本土相當受歡迎的食材。

［鮮豔欲滴～松子 A 菜］

【材料】(4 人份)
A 菜（萵苣）600 克、松子和小紅莓少許、冷水 1 杯

【調味料】
橄欖油 2 大匙、麻油 1 茶匙、鹽 1 茶匙

【作法】

① A 菜洗淨切段。

②鍋中置冷水 1 杯半，大火煮開，放入 A 菜快炒，以鹽調味後盛起放入盤中。

③ A 菜趁熱調上橄欖油和麻油拌勻，撒上松子和小紅莓。

貼心叮嚀

1. 松子和芝麻、葵花子被譽爲三大優良種仁，松子內含有豐富的脂肪油，潤燥通便，消除便秘，是保健、抗衰老的好食材。「本草綱目」記載松子「主虛羸少氣補不足，久服輕身不老延年」。研究指出，松子富含的「蛋白酶抑制劑」和「多酚」，兩種成分能夠抑制癌細胞的生長。

2. 小紅莓的正式名稱爲「蔓越莓」，酸酸甜甜的滋味，令很多人喜愛。「蔓越莓」含有原花青素成分，具備預防尿道感染與改善的作用。原產地爲北美洲，多以乾燥的果乾或「蔓越莓」果汁在市面上出售。

［ 事事如意 ］

【材料】(4 人份)
豆包兩塊、香菇 6 朵、芹菜 120 克、黃豆芽 70 克

【調味料】
橄欖油 3 大匙、醬油 1 大匙、麻油 1 茶匙、鹽 1 茶匙、糖蜜 2 茶匙、蘋果醋 2 茶匙、開水 3 大匙

【作法】

①芹菜切段，豆包、香菇切成細絲。

②用橄欖油起油鍋，小火爆香香菇，放入芹菜、黃豆芽，蓋上鍋蓋，倒入調味料，酌加開水續炒，最後再放入豆包拌勻，即可起鍋。

貼心叮嚀

1. 黃豆製品富含蛋白質、維生素 A 和多種消化酵素，健脾解毒，有益消化。豆包即是豆皮，煮豆漿時上面會有一層膜，把那層膜撈起稍微風乾，摺疊起來一塊塊的就是豆皮。豆皮濃郁的豆香，口感柔嫩，讓人喜愛。

2. 芹菜富含纖維質，能降壓安神，消除煩躁，也能利尿消腫。芹菜的葉子口感不錯，可以預防動脈硬化和高血壓，但一般人都捨棄不吃，非常可惜。

［什錦烘蛋］

【材料】(4人份)

蛋4個、綜合堅果80克、胡蘿蔔40克、青椒40克、新鮮香菇40克、小紅莓40克、黑豆少許、新鮮豌豆芽菜少許

【調味料】

橄欖油3大匙、醬油1/2茶匙、鹽1/2茶匙、義大利香料少許

【作法】

①黑豆先以少量水用電鍋煮熟，瀝乾水分，稍放涼後倒入蛋汁內，
加上醬油、鹽拌勻。

②綜合堅果如杏仁果、腰果、核桃、葡萄乾、松子略切碎。

③胡蘿蔔、青椒、新鮮香菇切成丁狀，全部先以沸水川燙一下，
瀝乾水分備用。

④起油鍋以小火炒香堅果，再倒入黑豆蛋
汁，轉成中火，蛋汁稍凝固後，放
入胡蘿蔔、青椒、香菇，小火
慢烘，至表層蛋汁完全變
熟，撒上義大利香料和小
紅莓，起鍋裝盤，搭配
新鮮豌豆芽菜食用。

貼心叮嚀

1. 黑豆是豆中之王，可以降低血壓和膽固醇，明目補腎，養顏美容，促進新陳代謝，幫助血液循環，是抗衰老的好食物。

2. 平時可以將黑豆煮熟，以小包裝冷凍保存，搭配其他食材來料理，或者混合糙米飯食用都很方便。豆類含有離胺酸，缺乏甲硫胺酸，而米類、穀物富含甲硫胺酸，缺乏離胺酸，兩者正好相反，若搭配食用，可達到互補的作用。惟豆類和穀類兩者煮熟所需的時間不同，例如黃豆糙米飯，宜分開煮熟再混合食用，以免穀類熟了而豆類沒熟，豆類沒煮熟具有毒性，會造成危害健康的反效果。

3. 豆類不能生吃，一定要煮熟才能食用，沒煮熟的豆類是有毒性的。例如：豆漿若沒煮熟，內含的「皂素」會刺激腸胃導致腹瀉。黑豆若沒煮熟，裡面的胰蛋白酶抑制劑會降低人體對蛋白質的吸收，血球凝集素會抑制生長，而這些成分在煮熟後就不會對人體造成傷害。所以二十多年前，台灣流行生吞黑豆來養生，也是頗具有爭議性的，建議豆類還是以熟食為佳。

［ 海味芥藍 ］

【材料】(4 人份)

芥藍菜 300 克、乾海帶芽 15 克、白昆布和松子少許、冷水 2 杯半

【調味料】

橄欖油 2 大匙、醬油 1 大匙、芝麻醬 1 大匙、糖蜜 1 茶匙、芝麻鹽
少許

【作法】

①芥藍菜去除菜心過粗部分，切成約三公分小段。

②乾海帶芽以水泡開，瀝乾水分切碎。

③鍋中倒入冷水 2 杯半，煮開後放入芥藍菜，蓋上鍋蓋續燜，待
　芥藍菜變軟，再放入海帶芽和調味料拌勻後起鍋。

④裝盤後，撒上少許白昆布、松子和芝麻鹽，即可食用。

1. 白昆布絲不同於一般昆布，它是白色的，纖維細而柔軟，可直接食用，不需烹煮，通常是添加到日式拉麵或高湯內調味用。若市面上不易購得白昆布，可以海苔片切絲來取代。

2. 芥藍菜是高纖的十字花科植物，添加少許糖蜜可消除苦澀之味，它具有獨特的苦味是因含有金雞納霜之故。芥藍菜能夠消暑解熱，順氣化痰，促進食慾，預防便秘，惟菜梗較粗，需要多花點時間烹煮才能熟透。

［ 翡翠白玉沙拉 ］

【材料】(4 人份)

山藥 200 克、四季豆 150 克、枸杞或小紅莓少許

【調味料】

橄欖油 1 大匙、芝麻醬 1 大匙、鹽 1/2 茶匙、蘋果醋 2 大匙、糖蜜 2 大匙、馬鈴薯片 2 大匙、冷開水適量

【作法】

①山藥去皮刨絲，加入鹽 1/2 茶匙醃一下，瀝乾水分。

②四季豆以滾水川燙煮熟撈起，瀝乾水分後斜切成絲狀，和山藥絲一起裝盤。

③用一小碗將調味料倒入拌勻，即成沙拉醬汁，淋在山藥和四季豆盤中，再撒上枸杞，即可食用。

134

山藥即中藥材的淮山，新鮮的山藥可涼拌生食。山藥補肺氣，益腎精，還可降血糖。內含黏液蛋白和多巴胺，能夠修復胃壁黏膜，幫助血液循環，維持血管的彈性。

貼心叮嚀

1. 馬鈴薯片亦可以蓮藕粉、葛粉、杏仁粉代替，主要是讓醬汁產生濃稠感。

2. 傳統沙拉醬主要是用沙拉油、蛋黃和醋或檸檬汁打成的，這裡介紹的沙拉醬以芝麻醬和蘋果醋為主，也可酌加堅果粉、杏仁粉，味道更香濃，營養更豐富。

［糖醋菜心］

【材料】(4 人份)
萵苣菜心或芥藍菜心、芥菜心 300 克、洋菇 200 克、馬鈴薯片 2 大匙、葡萄乾少許、葛粉適量、冷水 2 杯

【調味料】
橄欖油 1 大匙、醬油 1 大匙、番茄醬 1 大匙、蘋果醋 1 大匙、糖蜜 1 大匙

【作法】

①菜心洗淨略去皮，切成五公分小段，並稍拍扁。

②洋菇對切成兩半。

③鍋中至冷水 2 杯、醬油 1 大匙，放下菜心，蓋上鍋蓋，水開後改成小火燜煮，等菜心煮爛了，加入洋菇，放進番茄醬、蘋果醋、糖蜜調味，最後以葛粉勾芡。

④熄火，加上馬鈴薯片和葡萄乾，拌勻即可食用。

冬季是菜心盛產的旺季，菜心除了醃製、燉湯，也可以糖醋方式烹調，變化一下，也是非常美味。

貼心叮嚀

1. 菜心僅略微去皮，而不是將皮全部去除，為的是咀嚼到最後會有纖維殘渣剩餘，吐出不要吞進去，這正是細細品嚐糖醋美味的時刻，酸中帶甜，令人難忘。

2. 葡萄乾一般都當成零食，它含有多酚、花青素，100 克的葡萄乾含有 9.1 毫克的鐵質，有補血功能，是非常好的抗氧化、抗衰老食物，可延緩細胞老化，維持血管的彈性，惟果糖含量高達六成，糖尿病患者攝食需謹慎。

［紅白攬翠］

【材料】(4 人份)

胡蘿蔔 60 克、豆薯 60 克、新鮮香菇 100 克、金針菇 100 克、豌豆芽 100 克、松子少許、葡萄乾少許、開水適量

【調味料】

橄欖油 2 大匙、醬油 1 大匙、芝麻醬 1 大匙、芝麻鹽少許

【作法】

①香菇切成絲狀、金針菇洗淨切成兩段。

②胡蘿蔔、豆薯去皮後，切成菱形薄片，以沸水川燙一下，可去除生味。

③起油鍋將胡蘿蔔、豆薯、香菇略炒，可加鍋蓋，避免油煙，再加入事先以開水調勻的醬油、芝麻醬、芝麻鹽，並放入金針菇，拌勻後立即起鍋，淋在豌豆芽盤中，撒上松子和葡萄乾，即可食用。

貼心叮嚀

1. 豆薯口感甜脆，北部人稱爲「刈薯」，南部人則稱爲「豆仔薯」，吃法多種，可醃漬涼拌、熱炒、煮湯，都很適宜。

2. 金針菇是纖維質含量很高的菇類，防癌、降膽固醇、抗發炎，促進新陳代謝。烹煮金針菇的時間不宜過久，內含的蛋白質結構會變得緊密，口感較硬，不容易消化，但也不能吃半熟的金針菇，因爲金針菇內含有秋水仙鹼，需要透過烹煮時的熱度來徹底分解其成分，才不致於傷害腸道黏膜，而能避免中毒。

［南瓜雪人聖代］

【材料】(4人份)

南瓜 400 克、新鮮香菇 8 朵、腰果 8 個、葡萄乾 16 粒、枸杞 8 粒、馬鈴薯片 1/2 杯、開水 1/2 杯、生菜少許

【調味料】

橄欖油 1 大匙、醬油 1 大匙、番茄醬 1 大匙、麥芽糖 1 大匙

【作法】

① 香菇去蒂，以橄欖油、醬油和開水用小火慢燉，使其入味。

② 南瓜切塊，大火蒸約十分鐘即熟透，去皮搗成泥狀，加入麥芽
糖、馬鈴薯片拌勻，各揉成 8 個大和小的圓球。

③ 香菇燉好後瀝乾，內層抹上少許番茄醬，排列在盤中，將大小
南瓜球依序置於上面，成為雪人狀，頭部黏上腰果，再用葡萄
乾和枸杞裝飾，可觀賞可食用。

南瓜含有果膠，可消除
體內毒素和有害物質，
保護腸胃道黏膜，幫助
消化，維持血糖穩定。
還可消除致癌物質亞硝
胺的突變，是防癌的好
食材。

貼心叮嚀

1. 製作南瓜雪人可插入牙籤輔助，以固定大小南瓜球和香菇不致掉落。這道菜饒富創意，造型可愛，非常適合宴客之用。

2. 南瓜俗稱金瓜，雖是高澱粉食物，但熱量低於地瓜、馬鈴薯、山藥與芋頭，富含微量元素，營養豐富，是高纖的超級食物。近年來農委會種苗改良繁殖場致力於南瓜品種改良研究工作，開發新品種，提升南瓜品質，來增加消費者的選擇性。

3. 俗話說：「冬天吃南瓜，感冒少一半」，原因是南瓜含豐富的胡蘿蔔素，會轉化為維生素 A，強化細胞，保護黏膜不受細菌侵入，增加抵抗力。

南瓜雪人聖代在食用之前可以撒些椰子粉或堅果粉在雪人身上，美觀又美味。

［ 三味甘藍 ］

【材料】(4 人份)
甘藍菜 500 克、新鮮香菇 5 朵、枸杞少許、莧籽少許、開水 1 杯半、葛粉適量

【調味料】
橄欖油 2 大匙、醬油 1 大匙、芥末醬 1 大匙、芝麻鹽少許

【作法】

①甘藍洗淨不用刀切，以手剝成四、五公分大小的片狀，新鮮香菇切成片狀。。

②鍋中置開水1杯半、醬油1大匙，放入甘藍、香菇、枸杞、莧籽，蓋上鍋蓋，大火燜煮約一分鐘，拌一下盛起裝盤。

③留在鍋內的湯汁改成小火續煮，倒入芥末醬、橄欖油，以葛粉勾芡，再將湯汁淋到甘藍菜盤中，即可食用。

貼心叮嚀

1. 甘藍菜卽是高麗菜，含有維生素 B、C、K，還有鈣、磷、鉀等多種營養素。甘藍菜是十字花科作物，可抑制胃炎，修復黏膜組織，緩解胃潰瘍。美國國家癌症研究所（NCI）研究指出，甘藍菜可以降低罹患胃癌、大腸癌、乳癌、前列腺癌的風險，平常可多攝食。

2. 枸杞營養豐富，有補肝腎、明目作用。還能促進造血，增強自體免疫功能，是抗衰老、保肝抗癌、降血糖的好食物。

［ 鮮焗南瓜 ］

【材料】(4 人份)

南瓜 600 克、新鮮香菇 60 克、青椒 30 克、黑野米 1 大匙、卵磷脂 1 大匙、馬鈴薯片 2 大匙、酸黃瓜、嫩薑和起司條各少許、開水適量

【調味料】

橄欖油 1 大匙、麥芽糖 1 大匙、醬油 1 茶匙、芝麻鹽少許

【作法】

①黑野米用水浸泡四小時以上,瀝乾備用。

②香菇、青椒切成細絲狀。

③南瓜洗淨,連皮切成塊狀,與黑野米用大火蒸約十分鐘即熟透,去皮搗成泥狀,加開水、麥芽糖調勻成南瓜泥。

④準備中型淺碗兩只,碗內塗上橄欖油,倒入南瓜泥,放進香菇、青椒、起司條,淋上馬鈴薯片、卵磷脂、醬油、橄欖油、芝麻鹽和開水調勻的的醬汁,用小型烤箱烤約十分鐘,至表面略呈焦黃。

⑤放上少許酸黃瓜和嫩薑,搭配食用,風味更佳。

貼心叮嚀

1. 黑野米可以黑米或紫米取代。

2. 麥芽糖可以糖蜜、紅糖代替，不喜甜食者可以不添加，南瓜本身即有甜味。

［香菇蘿蔔湯］

【材料】(4人份)
白蘿蔔1公斤、香菇10朵、蘿蔔葉少許、冷水10杯

【調味料】
橄欖油2大匙、醬油1大匙、鹽2茶匙

【作法】

①香菇先用水洗淨，再去泡軟，擠乾水分。香菇水留著備用，不要倒掉。

②蘿蔔去皮，切成大塊滾刀狀，蘿蔔葉洗淨切段。

③以橄欖油起油鍋，用小火爆香香菇，加入醬油，續放蘿蔔塊、香菇水、冷水，大火煮開之後，改成小火慢燉。約20分鐘之後，蘿蔔變得鬆軟透明，加進蘿蔔葉，以鹽調味，即可食用。

俗話說：「冬吃蘿蔔夏吃薑，不用醫生開藥方」，也有「冬天蘿蔔賽人參」
的說法，蘿蔔能清熱解毒、止咳化痰，甚至還具備抗癌的功效。

貼心叮嚀

1. 香菇營養豐富，含蛋白質、鐵質、鈣質等，是高纖、高蛋白、低熱量的健康食物。香菇內有麥角固醇成分，經陽光照射後，可轉變為維生素 D，幫助鈣質攝取，預防骨質疏鬆。浸泡香菇的水不要丟棄，因為香菇所含的維生素 B 族和多醣物質都會溶於水中，這些具有增強免疫力、抗腫瘤等功效，棄之可惜。

2. 蘿蔔是十字花科植物，香甜爽口，冬季盛產。蘿蔔含有蘿蔔硫素之外，還有維生素 A、B、C、D、E、醣類、消化酵素、懈皮素、山標酚等營養成分。蘿蔔硫素能增加身體免疫力，具備抗氧化功能，預防感冒。蘿蔔所含的消化酵素，可消除脹氣，幫助消化，健脾利尿，清熱解毒。俗話說：「冬吃蘿蔔夏吃薑，不用醫生開藥方」，就是說明蘿蔔是理想的健康食物。多吃蘿蔔可降低體內因攝食硝酸鹽含量較高食物，導致與含胺類食物結合形成亞硝酸胺的致癌可能性。此外，蘿蔔纖維質含量高，加上懈皮素、山標酚可以降血糖、血脂，適合糖尿病人和減重者食用。

[綠意味噌湯]

【材料】(4 人份)
板豆腐兩塊、胡蘿蔔 50 克、乾海帶芽 10 克、豌豆芽少許、冷水適量
【調味料】
味噌適量、鹽適量

【作法】

①胡蘿蔔去皮，和豆腐切成丁狀。

②乾海帶芽以水泡開，略切碎。

③鍋中倒入適量冷水，沸騰後放入胡蘿蔔同煮，待胡蘿蔔變軟，放入豆腐、海帶芽續煮，水再度沸騰後立即熄火。

④待湯汁冷卻至七、八十度左右放進豌豆芽，倒入事先以冷開水調勻的味噌，即可食用，若經測試湯汁鹹度不足，可加鹽調味。

貼心叮嚀

1. 味噌是用豆、米、麥，經過黴菌和酵母菌發酵而成的調味料，依發酵時間的長短而有顏色深淺的差別。味噌含鐵、磷、鈣、鉀、蛋白質、維他命 E 等營養素，根據日本的研究指出，味噌內的豆類成分「植物性雌激素」有助於減少乳癌、子宮內膜癌發生等風險，經常食用味噌還可預防胃癌，但需留意味噌的鹹度要適中，勿過鹹。如攝取過多鹽分和鈉，對高血壓患者及腎功能不良的人，會有不好的影響。

2. 味噌是活菌的食品，含有活性乳酸菌，有助於腸內益菌的增生，但經高溫烹煮會減低其活性，因此一般人把味噌放入鍋內加熱煮食是非常可惜的，若能事先以冷開水將味噌調勻，待湯稍冷後再倒入湯中拌勻食用，便能運用味噌的食療效果，得到健康。

3. 味噌湯傳統材料不外乎豆腐、海帶芽、柴魚片，其實也可以將酪梨切成丁狀，放入味噌湯中一起食用，也是非常美味的吃法。酪梨是養生聖品，含維生素、礦物質、纖維質、蛋白質，有益健康。酪梨內含單元不飽和脂肪，可降低血糖和膽固醇，有助於降低心血管疾病的罹患率，是養生好食物中的「幸福果」。

［ 鄉下濃湯 ］

【材料】(4 人份)

花椰菜 100 克、胡蘿蔔 30 克、高麗菜 100 克、番茄 400 克、細麵條少許、葡萄乾少許、杏仁粉 2 大匙、葛粉適量、開水 3 杯

【調味料】

橄欖油 1 大匙、番茄醬 1 大匙、蘋果醋 1 大匙、醬油 1 大匙、芝麻鹽少許

【作法】

①花椰菜切成小朵，高麗菜以手撕成小片狀，胡蘿蔔和番茄切成小丁狀，部分番茄剁碎成泥狀。

②鍋中倒入開水 3 杯，放入花椰菜、高麗菜、胡蘿蔔，中火煮開，倒進番茄丁和番茄泥，水再度煮開後，放入撕碎的細麵條，並以事先調勻的杏仁粉、葛粉來勾芡，加入調味料拌勻，即可起鍋。若無杏仁粉的話，可以堅果粉、黃豆粉取代，葛粉可以蓮藕粉取代。

③食用時加入葡萄乾少許，味道更出色。

貼心叮嚀

1. 花椰菜是十字花科植物的營養聖品，能夠抗癌是因為其中所含的酵素會將「硫代配醣體」轉換成「異硫氰酸酯」，而具備抗癌的功效。一般人會先將花椰菜以水燙過再煮，這樣會破壞這些抗氧化物質，流失掉「異硫氰酸酯」的營養成分，非常可惜，因此直接下鍋去煮，才能完全吸收到食物的營養。

2. 大家經常會聽到義大利諺語：「番茄紅了，醫生的臉綠了！」這句話，那是對番茄營養價值的肯定。番茄是蔬菜也是水果，其中的茄紅素、維生素 C 和膳食纖維含量豐富。茄紅素和維生素 C 是很好的抗氧化物質，有防癌和抗癌的效果，但茄紅素是脂溶性的植化素，若能經過加熱和搭配油脂或堅果食用，可以促使茄紅素的釋放，幫助人體的吸收。番茄的膳食纖維幫助消化，保健腸道，升糖指數低，是糖尿病患者的理想水果。

［ 埃及菠菜濃湯 ］

【材料】(4 人份)

菠菜 100 克、煮熟的埃及豆 100 克、葡萄乾少許、白昆布少許、熱開水 3 杯、葛粉或蓮藕粉適量

【調味料】

橄欖油 1 茶匙、鹽 1/2 茶匙、芝麻鹽少許

【作法】

①菠菜切段先燙熟，加入熱開水 3 杯，以果汁機打碎成泥漿狀，倒入鍋中以大火煮開。

②煮熟的埃及豆略切碎，倒入菠菜湯中續煮，加進調味料，再以葛粉或蓮藕粉勾芡成濃湯。

③白昆布以手撕碎，和葡萄乾放入濃湯中拌勻，即成顏色鮮豔、美味可口的好湯。

貼心叮嚀

1. 菠菜富含維生素 A、B、C、D、蛋白質、胡蘿蔔素、鐵、磷、草酸、菸鹼酸，是高纖的蔬菜，因含有菸鹼酸，致使口感略有澀味。菠菜葉中含有鉻，能維持血糖的穩定，適合糖尿病患者食用。

2. 對於菠菜一般人有些錯誤的觀念，認為菠菜可補血，其實草酸會結合鐵形成草酸亞鐵，所以菠菜中的鐵不易被人體吸收，吸收率只有 1% 而已，非常低。另外，若菠菜與豆腐同時進食，菠菜的草酸及豆腐的鈣質，會結合成草酸鈣，這是被誤解的，因為草酸鈣會隨著糞便排出，不會停留在體內，菠菜豆腐湯可以放心吃，並不會產生結石。如果還是擔心菠菜的草酸問題，將菠菜用水先燙過，就可以去除大部分的草酸。

[酸辣湯]

【材料】(4人份)

板豆腐 1 塊、黑木耳 50 克、細麵條 50 克、胡蘿蔔 30 克、白蘿蔔 30 克、蛋 1 個、莧籽 1 大匙、豌豆芽少許、冷水 6 杯、葛粉適量

【調味料】

橄欖油 1 大匙、醬油 1 大匙、玄米醋 4 大匙、麻油 1 茶匙、鹽 1 茶匙、胡椒粉少許

【作法】

①豆腐先用沸水燙過，較不易破碎，再與胡蘿蔔、白蘿蔔、黑木耳切成細絲狀。

②鍋中置水燒開，放入撕碎的細麵條去煮，變軟後撈起，放入大碗中，以少許橄欖油拌勻，才不會沾黏成一團。

③鍋中倒入冷水6杯，放入莧籽、胡蘿蔔、白蘿蔔、黑木耳去煮，食材煮熟變軟之後，加入調味料，再以葛粉或蓮藕粉勾芡，然後放入細麵條、豆腐，淋上蛋液，約十秒後熄火，起鍋裝入大碗中，以豌豆芽裝飾，即可食用。

貼心叮嚀

1. 玄米醋可以蘋果醋取代，白蘿蔔可以竹筍、茭白筍、豆薯代替，木耳可以香菇代替，葛粉可以蓮藕粉代替。喜歡辣味較重的可以添加辣椒醬、辣油，或加入黑胡椒，增加風味。

2. 黑木耳富含纖維質，幫助腸胃蠕動，可以預防便秘。另含維生素 K，具抗凝血作用，預防血栓和動脈硬化。黑木耳鐵質含量豐富，可補血養顏，及含有人體所必需的八種胺基酸、維生素和膠質，潤肺清腸，防癌抗癌，是理想的健康食材。

［ 五彩豆腐煲 ］

【材料】(4 人份)

板豆腐兩塊、黑木耳 50 克、豆類麥類穀類組合 210 克、煮熟的埃及豆 1 杯、冷水 5 杯、小紅莓少許

【調味料】

味噌 1 又 1/2 大匙、蘋果醋 1/2 茶匙、芝麻鹽少許

【作法】

①黑木耳切成小丁狀。

②豆腐放入冰箱冷凍庫中，約半天後，成為凍豆腐即取出退冰，以手撕成小塊狀。

③豆類麥類穀類組合浸泡六小時以上，加入 5 杯水，放入電鍋煮熟，外鍋需經 3 次加水再煮，豆類才能完全煮熟，避免豆類沒煮熟而產生毒素。

④豆類麥類穀類煮熟後，放進凍豆腐、木耳、埃及豆，電鍋的外鍋再放半杯水續煮一下，二十分鐘之後即可起鍋倒入大碗中。

⑤待湯的溫度略降低後，倒入調味料拌勻，撒上小紅莓裝飾，即成五彩色澤的豆腐煲。

貼心叮嚀

1. 豆類麥類穀類可自由搭配組合，如豌豆、花豆、綠豆、扁豆、大紅豆、黑豆、白豆、米豆、大麥、燕麥、藜麥、黑米、糙米、小米、莧籽，都是有益健康的好食材。

2. 湯汁的濃稠度可依個人的喜好來調整，味噌不宜加熱，應待湯稍冷卻才加入，以免破壞活菌的功效

［南瓜紅豆湯］

【材料】(4人份)

南瓜400克、紅豆1杯半、莧籽少許、冷水適量

【調味料】

糖蜜或紅糖適量、葛粉適量

【作法】

①南瓜洗淨，連皮切成一公分丁狀，撒上莧籽，以中火蒸十分鐘。

②紅豆湯煮法：生紅豆洗淨，無需浸泡，倒入沸水中，大火煮五分鐘後，移入電鍋續煮，外鍋加 2 杯水，待按鍵跳起後燜半小時，外鍋再加 2 杯水，再煮一次，待按鍵跳起後再燜半小時，如此紅豆內部會鬆軟，而外皮飽滿完整，不會破碎。

③煮熟的南瓜丁倒入紅豆湯內，以中火加熱，加糖蜜或紅糖調味，攪拌時勿用湯勺，宜用筷子，才能保持紅豆外皮的完整。

貼心叮嚀

1. 南瓜搭配紅豆的滋味極美，紅豆利尿消腫，可消除疲勞，紅豆有豐富的鐵質，可以補血，促進血液循環，增強體力。女性在生理期間不妨多攝食，可減輕腹脹不適，補充營養。

2. 莧籽亦可用藜麥取代，若將薏仁加入紅豆同煮，也是絕佳搭配的健康食物。

3. 喜歡紅豆更軟爛者，電鍋外鍋加水續煮紅豆的次數可再增加一次。用這種方法來煮紅豆湯，紅豆不需事先浸泡，省時省事，也較節省能源，不像其他方式煮紅豆，即使煮上大半天，紅豆還是不會軟爛，效果好壞立現。

[蘋果醋健康飲料]

【材料】(4 人份)

蘋果醋 2 大匙、糖蜜 2 大匙（或蜂蜜 3 大匙）、冷開水 500C

【作法】

①將上述材料倒入一只大杯中，以筷子拌勻即可。

②可按人數依此比例調製，平日飯後來飲用，有益健康。

1. 蘋果醋宜選擇零汙染、天然或有機的產品，這種純釀造的天然醋，非化學醋，能入肝、肺、脾和胃經，有解毒、開胃、散淤、殺菌的效果。平時可酌量飲用蘋果醋健康飲料，提高食慾和幫助消化，惟牙醫師建議，飲用蘋果醋飲料後需立即用水漱口，才能避免酸性物質侵蝕牙齒表面的琺瑯質。

2. 糖蜜是什麼？糖蜜不是蜂蜜，而是糖。糖蜜是褐色、濃縮、黏稠狀的調味劑，聞起來有酵母的香氣，非常迷人。一般人都不知道糖蜜是如何產生的，其實在製糖的過程中，將甘蔗濃縮榨汁，加熱分離出白糖結晶後，剩下來的物質就是糖蜜。糖蜜的主要成分是碳水化合物、蛋白質、脂肪、鈣、磷、鐵、銅、鎂、鉀、琉胺素、核黃素、維生素 B 群和十五種胺基酸等，它的營養成分高於白糖，惟糖尿病患者和減重者宜注意攝取量，才能避免血糖升高與肥胖產生。

[黑豆麵茶]

【材料】(4 人份)

　全麥麵粉 1 包（約 900 克）、黑豆半杯、小紅莓適量、開水適量

【調味料】

　橄欖油 5 大匙、麥芽糖適量、芝麻鹽少許

【作法】

①黑豆洗淨，加入適量的水，以電鍋煮成黑豆湯。黑豆湯煮法可參考南瓜紅豆湯所介紹的紅豆湯煮法，同樣照做。

②鍋中置橄欖油 5 大匙，小火加熱後，倒入全麥麵粉翻炒，翻炒的速度需快速，以免麵粉沾鍋焦黃。炒至麵粉轉呈金黃色，且有重量感時，即可起鍋。

③食用時加入沸騰的黑豆湯拌勻，酌加麥芽糖、芝麻鹽調味，再以少許小紅莓裝飾，色香味俱全的麵茶老少咸宜，可以取代正餐的米飯，合併計算碳水化合物（醣類）的攝取量。

貼心叮嚀

1. 麥芽糖可以紅糖、糖蜜取代。

2. 黑豆活血消腫，解毒補氣，屬於藥用食物，對於身體虛弱者而言，黑豆是蛋白質、維生素 A、鈣質的絕佳來源，不妨多加食用。

國家圖書館出版品預行編目資料

魯舌翻身，無油煙神料理 / 證馨著. 攝影. -- 初版. --
臺北市：博客思，2020.03
　面；　公分 . -- (飲食文化；2)
ISBN 978-957-9267-50-2 (平裝)

1. 食譜 2. 健康飲食

427.1　　　　　　　　　　　　　　109001404

飲食文化 2

魯舌翻身，無油煙神料理

作　　者：證馨
美　　編：涵設
封面設計：涵設
執行編輯：張加君
出 版 者：博客思出版事業網
發　　行：博客思出版事業網
地　　址：臺北市中正區重慶南路 1 段 121 號 8 樓 14
電　　話：(02)2331-1675 或 (02)2331-1691
傳　　真：(02)2382-6225
E - M A I L：books5w@gmail.com、books5w@yahoo.com.tw
網路書店：http://bookstv.com.tw/
　　　　　http://store.pchome.com.tw/yesbooks/
　　　　　https://shopee.tw/books5w
　　　　　博客來網路書店、博客思網路書店、三民書局
總 經 銷：聯合發行股份有限公司
電　　話：(02)2917-8022
傳　　真：(02)2915-7212
劃撥戶名：蘭臺出版社　帳號：18995335
香港代理：香港聯合零售有限公司
電　　話：(852)2150-2100
傳　　真：(852)2356-0735
出版日期：2020 年 3 月 初版
定　　價：新臺幣 350 元整
ISBN：978-957-9267-50-2(平裝)

版權所有．翻版必究